建筑与市政工程施工现场专业人员继续教育教材

建筑施工新技术

中国建设教育协会继续教育委员会　组织编写

吴　迈　主编

中国建筑工业出版社

图书在版编目（CIP）数据

建筑施工新技术/中国建设教育协会继续教育委员会组织
编写. —北京：中国建筑工业出版社，2016.4
建筑与市政工程施工现场专业人员继续教育教材
ISBN 978-7-112-19178-9

Ⅰ.①建⋯　Ⅱ.①中⋯　Ⅲ.①建筑工程-工程施工-继续教
育-教材　Ⅳ.①TU74

中国版本图书馆 CIP 数据核字（2016）第 036559 号

本书主要内容包括：地基基础工程施工新技术、混凝土结构施工新技术、装配
式混凝土建筑、外墙外保温装饰一体化施工技术、绿色施工、BIM 概述。

本书可作为施工现场专业人员继续教育教材，也可供相关专业技术人员、院校
师生参考使用。

责任编辑：朱首明　李　明　李　阳
责任设计：李志立
责任校对：李美娜　赵　颖

建筑与市政工程施工现场专业人员继续教育教材
建筑施工新技术
中国建设教育协会继续教育委员会　组织编写
吴　迈　主编

*

中国建筑工业出版社出版、发行（北京西郊百万庄）
各地新华书店、建筑书店经销
北京红光制版公司制版
北京同文印刷有限责任公司印刷

*

开本：787×1092 毫米　1/16　印张：6½　字数：159 千字
2016 年 4 月第一版　2019 年 2 月第三次印刷
定价：**19.00** 元
ISBN 978-7-112-19178-9
（28444）

建筑与市政工程施工现场专业
人员继续教育教材
编审委员会

参编单位：

中建一局培训中心

北京建工培训中心

山东省建筑科学研究院

哈尔滨工业大学

河北工业大学

河北建筑工程学院

上海建峰职业技术学院

杭州建工集团有限责任公司

浙江赐泽标准技术咨询有限公司

浙江铭轩建筑工程有限公司

华恒建设集团有限公司

序

  建筑与市政工程施工现场专业人员队伍素质是影响工程质量、安全、进度的关键因素。我国从 20 世纪 80 年代开始，在建设行业开展关键岗位培训考核和持证上岗工作，对于提高建设行业从业人员的素质起到了积极的作用。进入 21 世纪，在改革行政审批制度和转变政府职能的背景下，建设行业教育主管部门转变行业人才工作思路，积极规划和组织职业标准的研发。在住房和城乡建设部人事司的主持下，由中国建设教育协会主编了建设行业的第一部职业标准——《建筑与市政工程施工现场专业人员职业标准》JGJ/T 250—2011，于 2012 年 1 月 1 日起实施。为推动该标准的贯彻落实，中国建设教育协会组织有关专家编写了考核评价大纲、标准培训教材和配套习题集。

  随着时代的发展，建筑技术日新月异，为了让从业人员跟上时代的发展要求，使他们的从业有后继动力，就要在行业内建立终身学习制度。为此，为了满足建设行业现场专业人员继续教育培训工作的需要，继续教育委员会组织业内专家，按照《标准》中对从业人员能力的要求，结合行业发展的需求，编写了《建筑与市政工程施工现场专业人员继续教育教材》。

  本套教材作者均为长期从事技术工作和培训工作的业内专家，主要内容都经过反复筛选，特别注意满足企业用人需求，加强专业人员岗位实操能力。编写时均以企业岗位实际需求为出发点，按照简洁、实用的原则，精选热点专题，突出能力提升，能在有限的学时内满足现场专业人员继续教育培训的需求。我们还邀请专家为通用教材录制了视频课程，以方便大家学习。

  由于时间仓促，教材编写过程中难免存在不足，我们恳请使用本套教材的培训机构、教师和广大学员多提宝贵意见，以便我们今后进一步修订，使其不断完善。

中国建设教育协会继续教育委员会

2015 年 12 月

前　　言

现代工程项目的施工难度和质量要求在不断提高，传统方法和经验已难以满足快速发展的需要。本教材归纳了近年来具有推广价值的建筑施工新技术，分别针对其背景、原理、应用等作了简要介绍，有助于施工现场专业人员了解、熟悉建筑施工新技术。

本教材主要内容包括：地基基础工程施工新技术、混凝土结构施工新技术、装配式混凝土建筑、外墙外保温装饰一体化施工技术、绿色施工、BIM 概述。其中，地基基础工程施工新技术包括型钢水泥土搅拌墙（SMW 工法）施工技术、地下工程逆作法施工技术、劲芯水泥土桩施工技术。混凝土结构施工新技术包括高强混凝土技术、超高泵送混凝土技术、高强钢筋应用技术、钢筋焊接网应用技术。本教材可作为施工现场专业人员培训教材，也可供相关专业技术人员、院校师生参考使用。

本教材第一、五章由河北工业大学吴迈编写，第二章由中建八局天津公司耿会宣编写。第三章由河北建筑工程学院李雪飞编写，第四章由河北建设集团有限公司佟利辉编写，第六章由山东省建筑科学研究院刘传卿、中国国际工程咨询公司李洁编写。全书由吴迈担任主编并负责统稿。

限于时间紧张、作者水平有限，书中难免有不妥之处，敬请读者批评指正。

目 录

一、地基基础工程施工新技术

（一）型钢水泥土搅拌墙（SMW 工法）施工技术

1. 概述

型钢水泥土搅拌墙（SMW 工法）是在连续套接的三轴水泥土搅拌桩内插入型钢形成的复合挡土、截水结构，是从日本引进的技术，最早在上海环球世界大厦等工程中应用。这种支护结构具有支护性能好、造价低、环保（型钢可回收）等优点，近几年在我国软土地区应用广泛，并在搅拌桩机、型钢减摩剂、型钢拔出机械和工艺等方面形成了自身特色。2010 年我国颁布了行业标准《型钢水泥土搅拌墙技术规程》JGJ/T 199—2010，标志该支护技术已日趋成熟。

型钢水泥土搅拌墙由型钢和水泥土组成，两者作用明确：型钢作为挡土结构，水泥土作为截水帷幕。试验表明，当墙体变位较小时，水泥土对提高型钢水泥土搅拌墙的刚度有相当的贡献。因此，施工中应保证两者互不分离、形成整体，使型钢和水泥土两者协同工作。

SMW 工法施工工艺如图 1-1 所示。

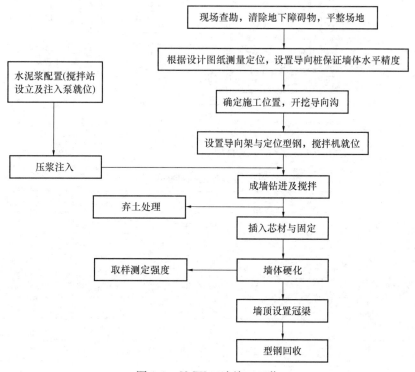

图 1-1　SMW 工法施工工艺

2. 施工设备

三轴水泥土搅拌桩施工应根据地质条件和周边环境条件、成桩深度、桩径等选用不同形式和不同功率的三轴搅拌机，与其配套的桩架性能参数应与搅拌机的成桩深度相匹配，钻杆及搅拌叶片构造应保证成桩过程中水泥和土能充分搅拌均匀。

三轴搅拌桩机有螺旋式和螺旋叶片式两种搅拌机头，如图1-2所示，搅拌转速也有高低两挡转速（高速挡35～40r/min，低速挡16r/min）。在砂性土及砂砾性土中施工时宜采用螺旋式搅拌机头，在黏性土中施工时宜采用螺旋叶片式搅拌机头。在实际工程施工中，型钢水泥土搅拌墙的施工深度取决于三轴搅拌桩机的施工能力，一般情况下施工深度不超过45m。为了保证施工安全，当搅拌深度超过30m时，宜采用连接钻杆的方法施工。国内常用三轴水泥土搅拌桩施工设备参见表1-1。

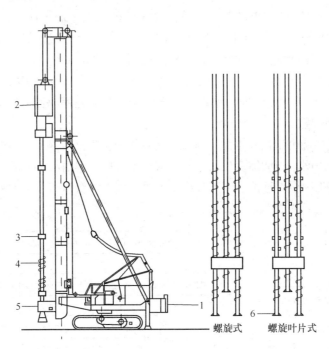

螺旋式　　螺旋叶片式

图1-2　三轴搅拌桩机构造示意

1—桩架；2—动力头；3—连接装置；4—钻杆；5—支承架；6—钻头

国内常用三轴水泥土搅拌桩施工设备　　表1-1

	序号	型号	桩架高度（m）	成桩长度（m）
桩机	1	SPA135 柴油履带式桩机	33	25
	2	SF808 电液式履带式桩机	36	28
	3	SF558 电液式履带式桩机	30	22
	4	D36.5 步履式桩机	36.5	36
	5	DH608 步履式桩机	34.4	27.7
	6	JB180 步履式桩机	39	32
	7	JB250 步履式桩机	45	38
	8	LTZJ42.5 步履式桩机	42.5	42.5

续表

	常用桩径（mm）	功率（kW）	型号
三轴动力头	650	45×2＝90	ZKD-65-3 MAC-120
		55×2＝110	MAC-150 PAS-150
	850	75×2＝150	ZKD-85-3 MAC-200 PAS-200
		90×2＝180	ZKD85-3A MAC-240
		75×3＝225	ZKD85-3B
	1000	75×3＝225	ZKD100-3
		90×3＝270	ZKD100-3A

	型号	流量（L/min）			
		1	2	3	4
注浆泵	BW-250	250	145	90	45
	BW-320	320	230	165	90
	BW-120	120	—	—	—
	BW-200	200	—	—	—

注：表中"成桩长度"是指不接加长杆时的最大施工长度。

　　为保证水泥土搅拌桩的施工质量，三轴搅拌桩机桩架及动力装置应符合以下规定：桩架应具有垂直度调整功能；桩架立柱下部搅拌轴应有定位导向装置；在搅拌深度超过20m时，应在搅拌轴中部位置的立柱导向架上安装移动式定位导向装置；搅拌驱动电机应具有工作电流显示功能；主卷扬机应具有无级调速功能；采用电机驱动的主卷扬机应有电机工作电流显示，采用液压驱动的主卷扬机应有油压显示。

　　施工中采用注浆泵注入水泥浆，与桩机配套使用的注浆泵的工作流量应可调节，其额定工作压力不宜小于2.5MPa，并应配置计量装置。注浆泵应保证其实际流量与搅拌机的喷浆钻进下沉或喷浆提升速度相匹配，使水泥掺量在水泥土桩中分配满足设计要求。下沉喷浆工艺的喷浆压力比提升喷浆工艺要高，在实际施工中喷浆压力大小应根据土质特性来控制，常控制在0.8～1.0MPa。一般来说，配备具有较高工作压力的注浆泵，其故障发生相对较少，施工效率也较高。注浆泵配置计量装置的目的是控制总的水泥用量满足设计要求，为了保证搅拌桩的均匀性，操作人员应根据设计要求来调整不同深度水泥浆的泵送量。

3. 施工准备

　　基坑工程实施前，应掌握工程的性质与用途、规模、工期、安全与环境保护要求等情况，并应结合调查得到的施工条件、地质状况及周围环境条件等因素编制施工组织设计。

　　水泥土搅拌桩施工前，应对施工场地地质条件及周围环境进行调查，调查内容应包括机械设备和材料的运输路线，施工场地，作业空间，地下、地上障碍物的状况等。施工场地主要考查机械设备的组装、解体场所，机械设备作业场所，材料堆场，材料运输通路，弃土堆场的平整度和地基承载力，如地基承载力不能满足施工要求时应进行加固。地下、地上障碍物主要考查有无地下埋设水管和今后的管线规划，有无旧水井、防空洞、旧构筑物的残余，有无架空线等。地质条件主要考查地质钻孔位置，各种土层物理力学指标（无侧限抗压强度、含水量、渗透系数等)，颗粒分析，有无有机质土等特殊土。对影响水泥土搅拌桩成桩质量及施工安全的地质条件（包含地层构成、土性、地下水等）必须详细调查。周围环境主要考查离工程位置最近点的距离、结构与基础情况；距工程位置最近点的距离，构筑物的深度和位置，构筑物材质状况；有无对振动有敏感的精密仪器和设备等。

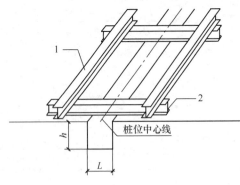

图 1-3　导向沟开挖和定位型钢设置参考
1—上定位型钢；2—下定位型钢

水泥土搅拌桩施工前，应按照搅拌桩桩位布置图进行测量放线并复核验收。根据型钢水泥土搅拌墙的轴线开挖导向沟，应在沟槽边设置搅拌桩定位型钢，并应在定位型钢上标出搅拌桩和型钢插入位置。定位型钢设置应牢固，搅拌桩位置和型钢插入位置标志要清晰。导向沟开挖和定位型钢设置见图 1-3、表 1-2。

搅拌桩直径与各参数关系参考表　　　　　　　　　　表 1-2

搅拌桩直径 (mm)	导向沟深度 h (m)	导向沟宽度 L (m)	上定位型钢		下定位型钢	
			规格	长度 (m)	规格	长度 (m)
650	1～1.5	1.0	H300×300	8～12	H200×200	2.5
850	1～1.5	1.2	H350×350	8～12	H200×200	2.5
1000	1～1.5	1.4	H400×400	8～12	H200×200	2.5

若采用现浇的钢筋混凝土导墙，导墙宜坐落于密实的土层上，并高出地面 100mm，导墙宽度方向净距应比水泥土搅拌桩设计直径宽 40～60mm。

在正式施工前，搅拌桩机和供浆系统应预先组装、调试，在试运转正常后方可开始水泥土搅拌桩施工，并应按施工组织设计中的水泥浆液配合比与水泥土搅拌桩成墙工艺进行试成桩，目的是确定不同地质条件下适合的成桩工艺，确保工程质量。通过成桩试验应确定或测定以下内容或指标：确定搅拌下沉和提升速度、水泥浆液水灰比、注浆泵工作流量等工艺参数及成桩工艺；测定水泥浆从输送管到达搅拌机喷浆口的时间。当地下水有侵蚀性时，还可通过成桩试验选用合适的水泥。

4. 水泥土搅拌桩施工

水泥土搅拌桩施工时桩机应就位对中，平面允许偏差应为 ±20mm。为了保证搅拌桩的垂直度，立柱导向架的垂直度不应大于 1/250。

对于相同性能的三轴搅拌机，降低下沉或提升速度能增加水泥土的搅拌次数并提高水泥土的强度，但延长了施工时间，会降低施工功效。因此，在实际操作过程中，应根据不同的土性来确定适宜的搅拌下沉与提升速度。一般情况下，搅拌下沉速度宜控制在 0.5～1m/min，提升速度宜控制在 1～2m/min，并保持匀速下沉或提升。提升时不应在孔内产生负压造成周边土体的过大扰动，搅拌次数和搅拌时间应能保证水泥土搅拌桩的成桩质量。

根据不同的土质条件，三轴搅拌桩施工顺序一般有跳打方式、单侧挤压方式和先行钻孔套打方式等。

（1）跳打方式

该方式适用于标贯击数 N 小于 30 的土层，是常用的施工顺序（图 1-4）。具体施工顺序是依次施工第一单元和第二单元，然后施工第三单元时使 A 轴和 C 轴分别插入到第一单元的 C 轴及第二单元的 A 轴孔中，实现相邻单元的重叠与咬合。依此类推，施工完成水泥土搅拌桩。

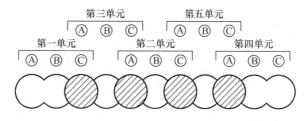

图 1-4　跳打方式施工顺序

（2）单侧挤压方式

该方式适用于标贯击数 N 小于 30 的土层。受施工条件的限制，搅拌桩机无法来回行走或搅拌桩转角处常用这种施工顺序（图 1-5），具体施工顺序是先施工第一单元，然后施工第二单元，将第二单元 A 轴插入第一单元的 C 轴中，边孔重叠施工，依此类推，施工完成水泥土搅拌桩。

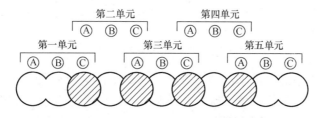

图 1-5　单侧挤压方式施工顺序

（3）先行钻孔套打方式

对于标贯击数 N 大于 30 的硬质土层，当成桩有困难时，可采用预先松动土层的先行钻孔套打方式施工。在水泥土搅拌桩施工时，用装备有大功率减速机的钻孔机，先行施工如图 1-6 所示的 a_1、a_2、a_3 等孔，使孔内硬土层变松散。然后用三轴搅拌机用跳打或单侧挤压方式施工完成水泥土搅拌桩。搅拌桩直径与先行钻孔直径关系参见表 1-3。先行钻孔施工松动土层时，可加入膨润土等外加剂加强孔壁稳定性。

搅拌桩直径与先行钻孔直径关系表（mm）　　　　　　　　表 1-3

搅拌桩直径	650	850	1000
先行钻孔直径	400～650	500～850	700～1000

水泥土搅拌桩施工过程中，浆液泵送量应与搅拌下沉或提升速度相匹配，以保证搅拌桩中水泥掺量的均匀性。在实际工程中，水泥土搅拌桩的质量问题突出反映在搅拌不均匀，局部区域水泥含量太少、甚至没有，导致土方开挖后发生漏水。为了保证水泥土搅拌桩中水泥掺量的均匀性与水泥土强度，施工时的注浆量与搅拌下沉、提升速度必须匹配，以保证水泥掺量的均匀性。

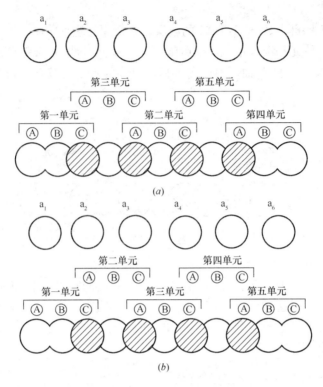

图 1-6　先行钻孔套打方式
(a) 跳打方式；(b) 单侧挤压方式

搅拌机头在正常情况下应下沉和提升各一次对土体进行喷浆搅拌，对含砂量大的土层，为避免底部堆积过厚的砂层，利于型钢插入，可在底部重复喷浆搅拌，即在搅拌桩底部 2～3m 范围内上下重复喷浆搅拌一次。

水泥搅拌桩施工中注入的水泥浆液应按设计配比和拌浆机操作规定拌制，并应通过滤网倒入具有搅拌装置的贮浆桶或贮浆池，采取防止浆液离析的措施。在水泥浆液的配比中可根据实际情况加入相应的外加剂，各种外加剂的用量均宜通过配比试验及成桩试验确定。常用的外加剂包括以下几种：

1) 膨润土：加入膨润土能防止水泥浆液的离析。在易坍塌土层可防止孔壁坍塌，并能防止孔壁渗水，减小搅拌机头在硬土层的搅拌阻力。

2) 增黏剂：加入了增黏剂的水泥浆液主要用于渗透性高及易坍塌的地层中。

3) 缓凝剂：施工工期长或者芯材插入时需抑制初期强度的情况下使用缓凝剂。

4) 分散剂：分散剂能分散水泥土中的微小粒子，在黏性土地基中能提高水泥浆液与土的搅拌性能，从而提高水泥土的成桩质量；钻孔阻力较大的地基，分散剂能使水泥土的流动性变大，能改善施工操作性，利于 H 型钢插入，提高清洗粘附在搅拌钻杆上水泥土的能力。但是对于均等粒度的砂性或砂砾地层，水泥浆液或水泥土的黏性很低，要注意水泥浆液发生水分流失的情况。

5) 早强剂：早强剂能提高水泥土早期强度，并且对后期强度无显著影响。其主要作用在于加速水泥水化速度，促进水泥土早期强度的发展。

三轴水泥土搅拌桩施工过程中，应严格控制水泥用量，宜采用流量计进行计量。因搁置时间过长产生初凝的浆液，应作为废浆处理，严禁使用。施工时如因故停浆，应在恢复喷浆前，将搅拌机头提升或下沉0.5m后再喷浆搅拌施工。水泥土搅拌桩搭接施工的间隔时间不宜大于24h，当超过24h时，搭接施工时应放慢搅拌速度。若无法搭接或搭接不良，应作为冷缝记录在案，并应经设计单位认可后，在搭接处采取补救措施。若长时间停止施工，应对压浆管道及设备进行清洗。

5. 型钢的插入与回收

（1）型钢的插入

型钢宜在搅拌桩施工结束后30min内插入，插入前应检查型钢的平整度和接头焊缝质量。型钢的插入必须采用牢固的定位导向装置（图1-7），在插入过程中应采取措施保证型钢垂直度。

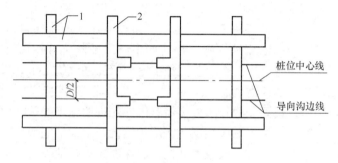

图1-7　H型钢定位导向装置

1—定位型钢；2—型钢定位卡

型钢宜依靠自重插入，当型钢插入有困难时可采用辅助措施下沉。如水灰比掌握适当，依靠自重型钢一般都能顺利插入。但在砂性较重的土层，搅拌桩底部易堆积较厚的砂土，宜采用静力在一定的导向机构协助下将型钢插入到位。严禁采用多次重复起吊型钢并松钩下落的插入方法。这种自由落体式下插方式不仅难以保证型钢的正确位置，还容易发生偏转，垂直度也不易确保。

型钢下插至设计深度后，在型钢顶端焊接吊筋，将吊筋固定在槽钢上，再将槽钢架置在定位型钢上，待水泥土搅拌桩达到一定硬化时间后，将吊筋及沟槽定位型钢撤除。

拟拔出回收的型钢，插入前应先在干燥条件下除锈，清除型钢表面灰尘，并在其表面涂刷减摩材料。减摩材料涂抹厚度应大于1mm，并涂抹均匀，以确保减摩材料层的粘结质量。完成涂刷后的型钢，在搬运过程中应防止碰撞和强力擦挤。减摩材料如有脱落、开裂等现象应及时修补。

（2）型钢的回收

型钢拔除前水泥土搅拌墙与主体结构地下室外墙之间的空隙必须回填密实。在拆除支撑和腰架时应将残留在型钢表面的腰梁限位或支撑抗剪构件、电焊疤等清除干净，以保证型钢能顺利拔出。型钢起拔宜采用专用液压起拔机。

型钢拔除回收的施工要点如下：

1）在围护结构完成使用功能后方可进场拔除。施工前应根据基坑周围的基础形式及其标高，对型钢拔出的区块和顺序进行合理划分。具体做法是：先拔较远处型钢，后拔紧靠基础部位的型钢；按先短边后长边的顺序对称拔出型钢。

2）用振动拔桩机夹住型钢顶端进行振动，待其与搅拌桩体脱开后，边振动边向上提拔，直至型钢拔出。

3）在现场需准备液压顶升机具，主要用于场地狭小区域或环境复杂部位型钢的拔出。

4）型钢起拔时加力要垂直，不允许侧向撞击或倾斜拉拔。

（二）地下工程逆作法施工技术

1. 概述

深基坑支护结构和地下工程施工方法可以分成顺作法（敞开式开挖）和逆作法施工两种。敞开式开挖是传统的深基坑施工方法，由于施工速度快，在场地条件和环境保护要求较为宽松的情况下应用较多。基于多年的工程积累，顺作法施工已经有了成熟的设计方法和施工流程，并已经形成了一系列施工工法，对指导顺作法的施工起到了积极作用。但是，随着城市建设用地的不断紧缩、施工场地的限制以及基坑开挖深度增加等情况的出现，顺作法的局限性越来越突出。在有多层地下室的超深基坑施工中，采用顺作法施工地下结构的施工工期过长，往往占到总工期的 1/4～1/3，成为制约工期的主要因素。

为了解决这一问题，我国工程技术人员借鉴国外先进的施工经验，引进了逆作法施工技术。逆作法施工和顺作法施工顺序相反，在围护结构及工程桩完成后，并不是进行土方开挖，而是首先施工地下结构的顶板或者开挖一定深度先进行地下结构的顶板的施工，再开挖顶板下的土体，然后浇筑下一层的楼板，开挖下一层楼板下的土体，如此循环一直施工至基础底板浇筑完成。

逆作法施工根据工程所处地层地质条件与工程的施工环境，总体分为全逆作法和半逆作法两大类。全逆作法是地下结构按照从上至下的工序施工的同时进行上部结构施工，如图 1-8 所示。上部结构施工层数则根据桩基的布置和承载力、地下结构状况、上部建筑荷载等确定。

半逆作法（图 1-9）的地下结构与全逆作法相同，按从上至下的工序逐层施工；与全

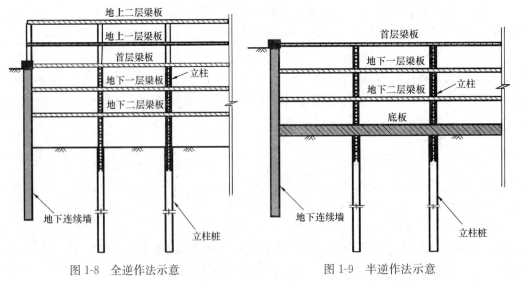

图 1-8 全逆作法示意　　　　　图 1-9 半逆作法示意

逆作法的不同之处是待地下结构完成后再施工上部主体结构。在软土地区因桩的承载力较小，往往采用这种施工方法。

与顺做法施工相比，逆作法施工具有显著的社会效益，表现在以下两个方面：一是以主体结构作为支撑，水平结构的刚度大，又没有换撑工况，因此基坑变形较小，有利环境保护；二是无需设置和拆除支撑，可大大减少材料和劳动力的资源消耗，降低能耗，避免拆除混凝土支撑带来的污染，符合我国节能、降耗和环保的绿色施工的要求。此外，采用全逆作法还可实现上下同步施工，可不同程度地缩短工期，并由于其首层梁板（图1-8、图1-9）可较早形成，使施工现场布置更加方便。

逆作法施工围护结构（墙）可采用地下连续墙、灌注桩排桩、型钢水泥土搅拌墙、咬合桩等，其施工工艺及技术要求可参考相关技术标准及文献。本节主要介绍逆作法施工中竖向支撑桩柱、地下水平结构、地下竖向结构及土方开挖等施工工艺。

2. 施工准备

对于逆作法的施工，整个施工过程中，各施工工况直接影响着工程结构的受力状态。所以，施工单位和设计单位应该密切配合，在施工方案确定前对结构设计、工程施工等各方面进行综合讨论，确保设计施工一体化，从而达到保证质量、缩短工期、节约成本、确保安全和保护环境等目的。

逆作法施工技术主要包括围护结构（墙）施工、竖向支承桩柱施工、地下水平结构施工、地下竖向结构施工以及基坑开挖和基坑降水等。工程施工前应根据设计文件及国家现行有关标准规定编制施工组织设计，基坑施工组织设计应包括以下主要内容：

（1）围护结构施工方案；

（2）竖向支承桩柱施工方案；

（3）水平、竖向结构施工方案；

（4）降水、土方开挖方案；

（5）施工安全与作业环境控制、文明、环保技术方案；

（6）监测方案；

（7）应急预案等。

3. 竖向支撑桩柱施工

逆作法施工时的临时竖向支承系统一般采用钢立柱插入底板以下立柱桩的形式，钢立柱通常为角钢格构柱、钢管混凝土柱或H型钢柱；立柱桩可以采用灌注桩或钢管桩等形式。在逆作法工程中，中间支撑柱在施工中承受上部结构和施工荷载等垂直荷载，而在施工结束后，中间支承柱又一般外包混凝土后作为正式地下室结构柱的一部分，承受上部结构荷载，所以中间支承柱的定位和垂直度必须严格满足要求。中间支承柱的轴线偏差、标高偏差、垂直度偏差应控制在规范规定限值之内。

竖向支承柱一般在工厂焊接制作。由于运输条件的制约，通常支承柱长度超过16m时采取分节制作，运到施工现场组装，组装方法可采用地面水平拼接和孔口竖向拼接两种。水平拼接由于操作方便，相对竖向拼接质量更能保证。水平拼接施工时需要足够的场地，要求场地平整，并宜设置制作平台，在平台上设置固定用的夹具，每节至少配置两个固定点，确保拼接精度。

综合考虑支承柱类型、施工机械设备及垂直度要求等因素，竖向支承柱插入支承桩方式可采用先插法或后插法。竖向支承柱采用先插法施工时应满足下列要求：①先插法的竖向支承柱定位偏差不应大于 10mm；②竖向支承柱安插到位，调垂至设计垂直度控制要求后，应采取措施在孔口固定牢靠；③用于固定导管的混凝土浇筑架宜与调垂架分开，导管应居中放置，并控制混凝土的浇筑速度，确保混凝土均匀上升；④竖向支承柱内的混凝土应与桩的混凝土连续浇筑完成；⑤竖向支承柱内混凝土与桩身混凝土采用不同强度等级时，施工时应控制其交界面处于低强度等级混凝土一侧。交界面位置一般低于竖向支承柱底部 2～3m。竖向支承柱外可以采取包裹土工布或塑料布等措施，以减少凿除外包混凝土工作量。

后插法是近年来流行并开始广泛应用的一种逆作法竖向支承柱施工工法，相对于先插法，后插法中竖向支承柱是在竖向支承桩混凝土浇筑完毕及初凝之前采用专用设备进行插入，该施工方法具有施工精度更高、竖向支承柱内充填混凝土质量更能保证等显著优势。竖向支承柱采用后插法施工时应满足下列要求：①后插法的竖向支承柱定位偏差不应大于 10mm；②混凝土宜采用缓凝混凝土，应具有良好的流动性，缓凝时间应根据施工操作流程综合确定，且初凝时间不宜小于 36h，粗骨料宜采用 5～25mm 连续级配的碎石；③应根据施工条件选择合适的插放装置和定位调垂架；④应控制竖向支承柱起吊时变形和挠曲，插放过程中应及时调垂，满足设计垂直度要求；⑤钢格构柱、H 型钢柱的横截面中心线方向应与该位置结构柱网方向一致，钢管柱底部需加工成锥台形，锥形中心应与钢管柱中心对应；⑥插入竖向支承柱后应在柱四周均匀回填砂石。

无论采用先插法或后插法施工，竖向支承柱吊放应采用专用吊具，起吊变形应满足垂直度偏差控制要求。

为保证竖向支撑柱定位准确、垂直度满足设计要求，竖向支承柱插入施工过程中必须采用专门的定位调垂设备对其进行定位和调垂。目前，立柱的调垂方法主要有气囊法、机械调垂法和导向套筒法三大类。

（1）气囊法

角钢格构柱一般采用气囊法进行纠正。在格构柱上端 X 和 Y 方向上分别安装一个测斜传感器，并在下端四边外侧各安放一个气囊（图 1-10），气囊随格构柱一起下放到钻孔中，并固定于受力较好的土层中。每个气囊通过进气管与控制电脑相连，传感器的终端同样与电脑相连，形成监测和调垂全过程智能化施工的监控体系。系统运行时，首先由传感器将格构柱的偏斜信息送给电脑，由电脑程序进行分析，然后通过指令打开倾斜方向的气囊进行充气，由此推动格构柱下部纠偏，当格构柱达到规定的垂直度范围后，即指令关闭气阀停止充气，同时停止推动格构柱。格构柱两个方向的垂直度调整可同时进行控制。待混凝土灌注至离气囊下方 1m 左右时，即可拆除气囊，并继续灌注混凝土至设计标高。

（2）机械调垂法

机械调垂系统主要由测斜传感器、校正架、调节螺栓等组成，如图 1-11 所示。在钢立柱上端 X 和 Y 两个方向上分别安装一个传感器。钢立柱固定在校正架上，钢立柱上设置 2 组调节螺栓，每组共 4 个，两两对称，两组调节螺栓有一定的高差，以便形成扭矩。测斜传感器和上下调节螺栓在立柱两对边各设置 1 组。若钢立柱下端向 X 正方向偏移，X 方向的两个上调节螺栓一松一紧，使钢立柱绕下调节螺栓旋转，当钢立柱达到规定的垂直度范围后，停止调节螺栓。同理 Y 方向的偏差可通过 Y 方向的调节螺栓进行调节。

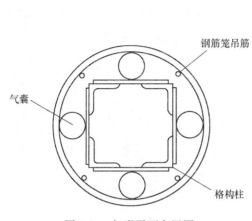

图 1-10　气囊平面布置图

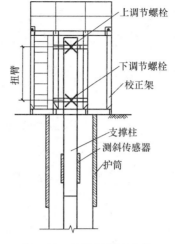

图 1-11　机械调垂法示意

（3）导向套筒法

导向套筒法是把校正钢立柱转化为导向套筒。导向套筒的调垂可采用气囊法或机械调垂法。待导向套筒调垂结束并固定后，从导向套筒中间插入钢立柱，导向套筒内设置滑轮以利于钢立柱的插入，然后浇筑立柱桩混凝土，直至混凝土能固定钢立柱后拔出导向套筒。

（4）三种方法的适用性和局限性

气囊法适用于各种类型钢立柱（宽翼缘 H 型钢、钢管、格构柱等）的调垂，且调垂效果好，有利于控制钢立柱的垂直度。但气囊有一定的行程，若钢立柱与孔壁间距离过大，钢立柱就无法调垂至设计要求，因此成孔时孔垂直度控制在 1/200 内，钢立柱的垂直度才能达到 1/300 的要求。由于采用帆布气囊，实际使用中常被钩破而无法使用，气囊亦经常被埋入混凝土中而难以回收。机械调垂法是几种调垂方法中最经济实用的，但只能用于刚度较大的钢立柱（钢管柱等）的调垂，若用于刚度较小的钢立柱（格构柱等），在上部施加扭矩时易导致钢立柱弯曲变形过大，不利于钢立柱的调垂。导向套筒法适用于各种钢立柱的调垂（宽翼缘 H 型钢、钢管、格构柱等），由于套筒比钢立柱短故调垂较易，调垂效果较好，但由于导向套筒在钢立柱外，势必使孔径变大。

竖向支承桩柱混凝土浇筑完成后，应待混凝土终凝后方可移走调垂固定装置，并应在孔口位置对支承柱采取固定保护措施。可通过在硬地坪中预埋埋件，在桩孔孔口位置设置型钢来临时固定支承柱。钢管混凝土柱施工完成后应采用超声波透射法对支承柱进行质量检测，检测数量不应小于支承柱总数的 20%，必要时应采用钻孔取芯方法对支承柱混凝土质量进行进一步检测；基坑开挖后，支承柱应全数采用敲击法检测质量。

4. 结构施工

（1）概述

基坑工程采用逆作法施工时，与顺作法的主要区别在于水平和竖向构件的施工顺序以及地下室的结构节点形式。根据逆作法的施工特点，地下室结构是由上往下分层浇筑的。一般将地下室结构分为先行施工结构及后续施工结构两部分，先行施工结构主要为水平构件，后续施工结构主要为竖向构件。

一般逆作施工流程如图 1-12 所示。先行施工的水平结构在每一次土方开挖后开始施工，水平结构完成并达到设计强度后再进行下面的挖土工程，最后施工竖向结构。

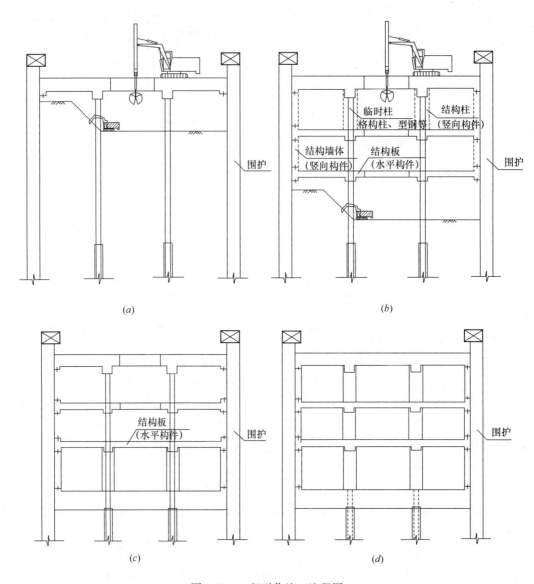

图 1-12　一般逆作施工流程图

(*a*) 施工顶板；(*b*) 向下开挖；(*c*) 逐层向下施工水平构件并向下逐层开挖；
(*d*) 施工竖向构件

（2）水平结构施工要点

先施工结构主要为水平结构，但柱、梁以及墙、梁等节点部位的施工一般也与水平结构同步施工完成。水平结构施工前应事先考虑好后续结构施工方法，针对后补结构施工可在水平结构上设置浇捣孔，浇捣孔可采用预埋 PVC 管（图 1-13），首层结构楼板等有防水要求的结构需采用止水钢板等防水措施（图 1-14）。

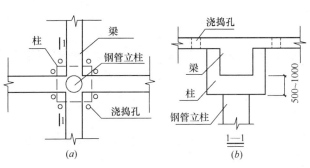

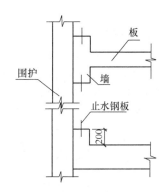

图 1-13　主梁节点浇捣预留孔

(a) 浇捣孔的平面布置；(b) 1-1 剖面

图 1-14　外墙的施工缝止水钢板

柱、梁及墙、梁等节点部位应竖直向下施工 500～1000mm，并留设水平施工缝。水平施工缝的留设应考虑后续结构施工的要求，宜设置成 15°～20° 的斜缝。柱的水平缝宜在四个方向均设置为斜缝，形成锅底形状（倒八字形），以保证后期混凝土的浇捣并排除混凝土内部气泡。外墙宜设置内高外低的斜缝，同时设置相应的止水钢板用以防水。

水平结构施工前应预先会同设计方确定各类临时开口的位置和大小（出土口、各种施工预留口和降水井口），临时开口大小应考虑设备作业需求确定，并由设计方进行受力复核。水平结构施工前应做好相应的施工组织工作，明确施工分区、机械设备的停放等。水平结构临时洞口施工时，可采取预留钢筋接头等形式，并应对预留钢筋采取必要的保护措施，避免挖土过程中造成预留钢筋的损坏。

（3）模板施工

先施工结构主要为水平结构，模板工程主要以梁、板为主要对象。水平结构模板形式一般可采取土模（地面直接施工）、钢管排架支撑模板、无排架吊模等三种形式。模板形式的选择应遵循以下原则：模板工程应尽量减少临时排架和材料的使用量；模板工程应考虑模板拆除时的作业需求；模板工程应考虑支架应具有足够的承载力以可靠地承受浇筑混凝土的自重侧压力以及施工荷载。

1）利用土模浇筑梁板

对于地面梁板或地下各层梁板，挖至其设计标高后，将土面整平夯实，浇筑一层50～100mm 厚的素混凝土（土质较好时亦可抹一层砂浆），然后刷一层隔离层，即成楼板模板。

对于基础梁模板，如土质好可直接采用土胎模，按梁断面挖出沟槽即可，如土质较差可用模板搭设梁模板。

逆作法的柱子节点处，宜在楼面梁板施工的同时，向下施工约 500mm 高度的柱子，以利于下部柱子逆作时的混凝土浇筑（图 1-15）。因此，施工时可先把柱子处的土挖至梁底以下约 500mm 的深度，设置柱子底部模板，为使下部柱子易于浇筑，该模板宜呈斜面安装，柱

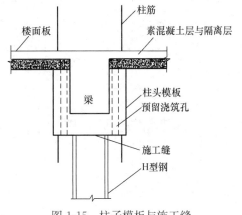

图 1-15　柱子模板与施工缝

子钢筋通穿模板向下伸出接头长度，在施工缝模板上面组立柱子侧面模板与梁板连接。如土质好柱子也可用土胎模，否则就用模板搭设。

2）采用钢管排架支撑模板浇筑梁板

用钢管排架支撑模板施工时，先挖去地下结构一层高的土层，然后按常规方法搭设梁板模板，浇筑梁板混凝土，竖向结构（柱或墙板）同时向下延伸一定高度。为此，需解决两个问题，一个是设法减少梁板支撑的沉降和结构的变形；另一个是解决竖向构件的上、下连接和混凝土浇筑。

为了减少楼板支撑的沉降引起的结构变形，施工时需对支撑下的土层采取措施进行临时加固。加固的方法一般是浇筑一层素混凝土垫层，以减少沉降。待梁、板浇筑完毕，开挖下层土方时垫层随土一同挖去，这种方法要额外耗费一些混凝土。另一种加固的方法是铺设砂垫层，上铺枕木以扩大支承面积，这样上层柱子或墙板的钢筋可插入砂垫层，以便与下层后浇筑结构的钢筋连接。这种支撑体系与常规的施工方法类似，例如：梁、平台板采用木模，排架采用$\phi48$钢管。柱、剪力墙、楼梯模板亦可采用木模。

盆式开挖是逆作法常用的挖土方法，当采用盆式开挖时，模板排架可以周转循环使用。在盆式开挖区域，各层水平楼板施工时排架立杆在挖土"盆顶"和"盆底"均采用通长钢管。挖土边坡应做成台阶式，便于排架立杆搭设在台阶上。台阶宽度宜大于1000mm，上下级台阶高差300mm左右。台阶上的立杆为两根钢管搭接，搭接长度不宜小于1000mm。排架沿每1500mm高度设置一道纵向水平杆，离地200mm设置扫地杆。排架每隔4排立杆设置一道纵向剪刀撑，由底至顶连续设置，如图1-16所示。

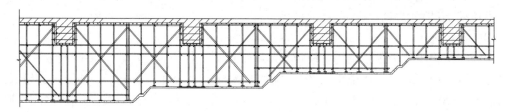

图1-16　盆式开挖的排架模板支撑示意图

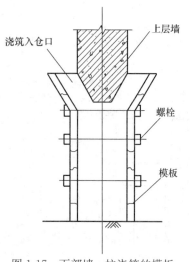

图1-17　下部墙、柱浇筑的模板

水平构件施工的同时应将竖向构件在板面和板底预留插筋，在下部的竖向构件施工时进行连接。逆作法下部的竖向构件施工时混凝土的浇筑方法是从顶部的侧面入仓，为便于浇筑和保证连接处的密实性，除对竖向钢筋间距适当调整外，下部竖向构件顶部的浇筑口模板需做成倒八字形（图1-17）。

由于上、下层构件的结合面在上层构件的底部，再加上地面沉降和新浇筑混凝土的收缩，在结合面处易出现缝隙。为此，宜在结合面处的模板上预留若干注浆孔，以便用压力灌浆消除缝隙，保证构件连接处的密实性。

3）无排架吊模施工方法

采用无排架吊模施工工艺时，挖土深度同利用土模施工法基本相同。地面梁板或地下各层梁板挖至其设计标高后，将土面整平夯实，浇筑一层厚约 50mm 的素混凝土（土质较好时也可抹一层砂浆垫层），然后在垫层上铺设模板，模板预留吊筋（如用对拉螺栓外套 PVC 管），在下一层土方开挖时用于固定模板。无排架吊模施工工艺示意见图 1-18。

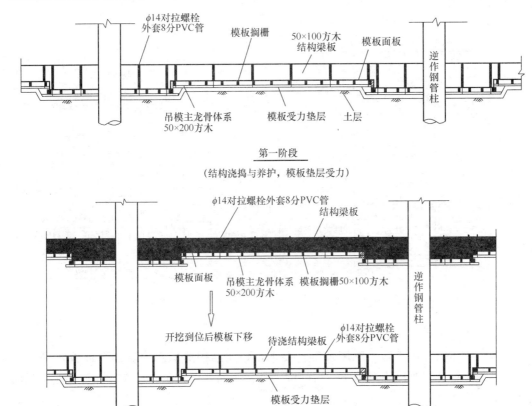

图 1-18　无排架吊模施工工艺示意图

（4）钢筋工程

逆作法施工中应对先施工结构的预留钢筋采取有效的保护措施，避免因挖土造成钢筋破坏。施工预留钢筋宜采用直螺纹接头。梁柱节点处，梁钢筋穿过临时立柱时，应考虑按施工阶段受力状况配置钢筋，框架梁钢筋宜通长布置并锚入支座，受力钢筋严禁在钢格构柱处直接切断，确保钢筋的锚固长度。梁板结构与柱的节点位置也应预留钢筋。柱预留插筋上下均应留设且要错开。

上、下结构层柱、墙的预留插筋的平面位置要对应。柱插筋宜通过梁板施工时模板的留孔以控制插筋位置的准确性。

（5）逆作竖向结构施工

后施工结构一般为竖向结构，少量为预留洞口的水平楼板等。后施工结构的主筋与先施工结构的预留钢筋连接可采用焊接、直螺纹等接头形式，板底钢筋可采用电焊连接。

"一柱一桩"格构柱混凝土以及部分剪力墙采用逆作施工工艺，应分两次支模，第一次支模高度为柱的高度减去预留柱帽的高度，主要为方便格构柱振捣混凝土；第二次支模到顶，顶部形成八字形柱帽的形式（图1-19）。对剪力墙，顶部也形成类似的柱帽的形式（图1-20），当柱、墙的下部没有向下延伸时，需在楼板上设置混凝土浇筑孔，以便下部柱子的混凝土浇筑。

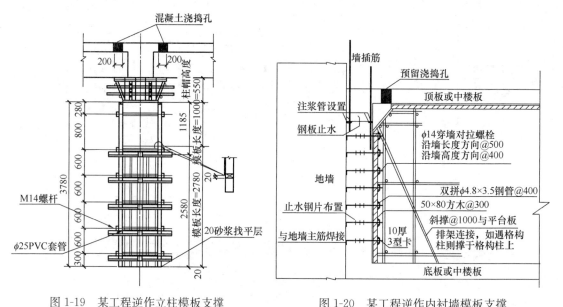

图1-19　某工程逆作立柱模板支撑　　　　图1-20　某工程逆作内衬墙模板支撑

（6）施工缝处理

逆作法施工时，由于施工顺序及工艺要求，竖向结构的上部一般都会设置水平施工缝，这条施工缝往往难以浇捣密实，目前国内外常用的处理方法有三种，即直接法、充填法和注浆法（图1-21）。

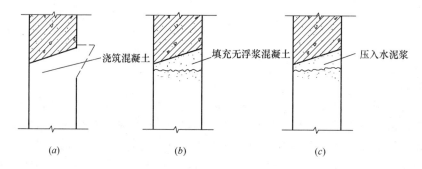

（a）　　　　　　　　　（b）　　　　　　　　　（c）

图1-21　竖向结构上、下混凝土连接
（a）直接法；（b）充填法；（c）注浆法

直接法即在施工缝下部继续浇筑混凝土时，采用相同强度等级的混凝土，有时添加铝粉以减少收缩。为浇筑密实可设置牛腿模板，"假牛腿"的混凝土在硬化后可凿去。充填法即在施工缝处留出充填接缝，待下部混凝土浇筑后进行施工缝界面处理，再于接缝处充填膨胀混凝土或无浮浆混凝土。注浆法即在施工缝处留出缝隙，待下部后浇混凝土硬化后用压力压入水泥浆充填。

在上述三种方法中，直接法施工最简单，成本亦最低。施工时可对接缝处混凝土进行二次振捣，以进一步排除混凝土中的气泡，确保混凝土密实并减少收缩。

5. 挖土施工

逆作法施工中开挖土方最初以"小型取土口、取土架和抓斗挖土"的方式为主，之后以长臂反（抓）铲挖土，大大提高了作业效率。目前，小型取土口改进为"大开孔率、多挖土孔"的方法，甚至采用逆作挖土期间楼板不封闭的方法，使逆作挖土效率接近于常规顺作明挖法。

（1）取土口设置

"两墙合一"逆作法施工中，一般顶板施工阶段可采用明挖法，其余地下结构下的土方均采用暗挖法施工。为了满足结构受力以及有效传递水平力的要求，取土口面积一般在 150m^2 左右（目前已有比较成熟的经验，最大取土口的面积可达 600m^2 左右）。

取土口布置时应遵循以下几个原则：

1）取土口的大小应满足结构受力要求，保证土压力的有效传递。

2）取土口的水平距离应便于挖土施工，一般满足结构楼板下挖土机最多二次翻土的要求，避免多次翻土引起土体扰动。此外，在暗挖阶段，取土口的水平距离还要满足自然通风的要求。

3）当底板采用抽条开挖时，取土口数量应满足出土要求。

4）取土口在地下各层楼板与顶板的洞口位置应相对应。

5）取土口布置应充分利用结构原有洞口，或主楼筒体顺作的部位。

考虑到地下自然通风有效距离一般为 15m，挖土机有效半径 7～8m，根据已有工程经验，取土口净距可考虑 30～35m。

（2）土方开挖形式

对于土方和混凝土结构工程量较大的基坑，无论是基坑开挖还是结构施工形成支撑体系，相应工期均较长，由此会增大基坑的风险。为了有效控制基坑变形，可将基坑土方开挖和主体结构划分施工段并采取分块开挖的方法。施工段划分的原则是：

A. 按照"时空效应"，遵循"分层、分块、平衡对称、限时支撑"的原则；

B. 利用后浇带，综合考虑基坑立体施工和交叉流水的要求；

C. 必要时合理地增设结构施工缝。

遵循以上原则，在土方开挖时，可采取以下具体措施：

1）合理划分各层分段

由于一般情况下顶板为明挖法施工，挖土速度比较快，基坑暴露时间短，故第一层顶板的土层开挖施工段可相应划分得大些；第一层以下各层板的挖土在顶板完成情况下进行的，属于逆作暗挖，挖土速度比较慢，为减小各施工段开挖的基坑暴露时间，顶板以下各层水平结构土方开挖和结构施工的分段面积应相对小些，这样可以缩短每施工段的施工时间，从而减小围护结构的变形。地下结构分段时还需考虑每施工段挖土时有对应的较为方便的出土口。

2）盆式开挖方式

逆作区顶板施工前，通常先将土方大面积开挖至板底下约 150mm 的标高，然后利用土胎模进行顶板结构施工。采用土胎模施工明挖的土方量很少，顶板下大量的土方需在后期进行逆作暗挖，将大大降低挖土效率。同时由于顶板下的模板及支撑无法在挖土前进行拆除，大量模板无法实现周转而造成浪费。因此，针对大面积深基坑的开挖，为兼顾基坑变形及土方开挖的效率，可采用盆式开挖的方式，周边土方保留，中间大部分土方进行明挖，一方面有利控制基坑变形，另一方面增加明挖工作量从而提高出土效率。

3）抽条开挖形式

一般来说底板厚度较大，逆作底板土方开挖时支撑到挖土面的净空较大，尤其在层高较大或坑边紧邻重要保护建筑或设施时，较大的净空对基坑控制变形不利。此时，可采取中心岛施工的方式，先施工基坑中部底板，待其达到一定强度后，按一定间距间隔开抽条挖边坡土方，并分条浇捣基础底板，每块底板土方开挖至混凝土浇捣完毕的施工时间，宜控制在72h以内。

4）楼板结构的局部加强

由于顶板先于大量土方开挖施工，因此可将栈桥的设计和水平楼板结构永久结构一并考虑，并充分利用永久结构的工程桩，对楼板局部节点进行加强，兼作挖土栈桥，满足工程挖土施工的需要。

（3）土方开挖设备

暗挖作业时通风、照明条件远不如常规施工，作业环境较差，因此选择有效的施工挖土机械将大大提高效率。逆作挖土施工常采用坑内小型挖土机作业，地面采用长臂挖土机、滑臂挖土机、吊机、取土架等设备进行挖土。根据各种挖土机设备的施工性能，其挖土作业深度亦有所不同，一般长臂挖土机作业深度为7～14m，滑臂挖土机一般7～19m，吊机及取土架作业深度可达30余米。工程中可根据实际情况选用。

（三）劲芯水泥土桩施工技术

1. 工法简介

劲芯水泥土桩技术（Stiffened Deep Mixing pile method，简称SDM工法）是在水泥土桩基础上发展起来的一种用于加固软弱土地基的新工法，是在水泥土桩成桩后，在水泥土桩体内沉入或制作高强度、高模量的劲性芯桩，形成的劲芯与水泥土共同工作，承受荷载的一种新桩型。

劲芯水泥土桩的组成与传统匀质桩型不同，是由刚性芯桩外包水泥土组成，如图1-22所示。芯桩强度高，对桩身抗压有利，外包水泥土价廉，与土的接触面积大，对桩周侧阻力增加有利。桩体上部的荷载传给芯桩，芯桩通过水泥土与芯桩之间的粘结力传给水泥土，然后再传给地基土，这样从芯桩到土体通过水泥土的过渡形成了强、中、弱的渐变过程，形成一种中间强度高四周强度低的合理的桩身结构，充分发挥了芯桩和水泥土桩体的性能，提高了承载力，降低了造价。

劲芯水泥土桩的桩身构造和施工工艺有多种形式。水泥土桩的成桩方法，除了常用的深层搅拌、粉喷和高压旋喷外，还可采用沉管灌注预拌塑性水泥土或预成孔后填入夯实干硬性水泥土的工艺。劲性芯桩可以采用混凝土、钢筋混凝土、钢管、型钢等多种材料；芯桩长度可以根据材料特性和工程需要采用短芯（图 1-23(a)）、等长芯（图 1-23(b)）和长芯（图 1-23（c））；沿深度方向芯桩可以采用等截面（图 1-23(b)、图 1-23(c)）或变截面

（图 1-23(a)）；芯桩截面可以是方形、圆形、圆环形，也可以采用组合截面，如图 1-24 所示，图中阴影部分表示劲性芯桩。为了增加芯桩和水泥土之间摩阻力还可以在芯桩侧表面增加刻痕、凹凸等。目前工程上采用较多的是短芯、变截面钢筋混凝土预制芯桩。

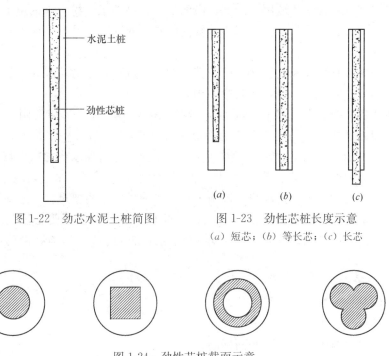

图 1-22　劲芯水泥土桩简图　　　　图 1-23　劲性芯桩长度示意

(a) 短芯；(b) 等长芯；(c) 长芯

图 1-24　劲性芯桩截面示意

与其他既有桩型相比，劲芯水泥土桩具有以下优点：

（1）适用范围广

劲芯水泥土桩是在水泥土桩基础上开发的，适用于多高层建筑工程和公路工程。只要适用水泥土桩（水泥土搅拌桩、粉喷桩、高压旋喷桩等）的地层都可以采用劲芯水泥土桩。

（2）承载力高，可调性强

劲芯水泥土桩综合了水泥土搅拌桩和预制混凝土桩的优点，使竖向荷载通过桩芯较均匀地传递给水泥土，再由水泥土利用较大的摩阻面积传递给承载力较小的软土地层，既发挥并利用桩芯强度，又达到了提高地基承载力的目的。劲性芯桩的材料、芯桩长度可以根据工程需要灵活选择。经过合理设计，单桩承载力特征值可以达到 $500 \sim 2000$kN，复合地基承载力特征值可以达到 200kPa 以上。

（3）施工速度快、质量稳定

劲芯水泥土桩利用了水泥土桩的施工机械和施工方法，可以在原来的水泥土搅拌桩机设备上加一套静压设备，或采用水泥土桩成桩设备和压桩设备或灌注桩设备轮流作业，即可完成成桩过程，有施工速度快、质量稳定的优点。

（4）噪声低、无污染

劲芯水泥土桩克服了打入桩的噪声和挤土问题以及钻孔灌注桩泥浆污染问题，也克服了水泥土搅拌桩搅拌不均、质量不稳定的问题，因此符合可持续发展的方针。

（5）经济效益显著

劲芯水泥土桩的经济性十分明显，费用较预制桩节约 30%～50%，较钻孔灌注桩节约 40%～50%，有可观的社会经济效益。

劲芯水泥土桩复合地基适用于淤泥、淤泥质土、黏性土、粉土、素填土等地基。对欠固结土层、杂填土、有机质土及塑性指数较高的黏土或地下水具有腐蚀性时，应通过试验确定其适用性。

杂填土往往含有较多大块物料，使搅拌作业无法进行，生活垃圾为主的杂填土含有大量有机物，影响水泥水化反应，因此应慎用。

塑性指数较高的黏土，如 $I_p > 25$ 时，容易在搅拌头叶片上形成泥团，无法完成水泥土的拌合，因此必须进行工艺试验判定拌合的可行性，对局部高 I_p 黏土夹层应采取必要措施加强拌合（如采用正、反转重复搅拌、实施搅拌作业时加水或加粉煤灰、砂等）。

当地基土的天然含水量小于 30% 时，由于不能保证水泥充分水化，故不宜采用干法。

劲芯水泥土桩的施工包括水泥土桩施工和芯桩成桩两个主要过程。水泥土桩的形式主要有水泥搅拌桩（包括干法和湿法）及高压旋喷桩两类；芯桩主要有预制桩和灌注桩两类。目前工程上常用的劲芯水泥土桩是水泥土搅拌桩（湿法）与预制钢筋混凝土芯桩的组合。

2. 施工准备

施工前应具备下列文件资料：

（1）建筑场地岩土工程勘察资料；

（2）基础平面布置图及基础底面标高；

（3）劲芯水泥土桩桩位平面布置图及技术要求；

（4）试成桩资料或工艺试验资料；

（5）施工组织设计及进度计划。

施工前应平整场地并清除地上和地下障碍物，当表层土松软时应碾压夯实。当表层杂填土含有大块物料较多时，可在施工前进行翻槽并清除大块物料，然后分层回填碾压，当地下水位较高时尚应作好排水工作。

场地整平后应测量场地整平标高，桩顶设计标高以上宜预留 0.5m 以上土层。桩位放线定位前应按幢号设置建筑物轴线定位点和水准基点，并采取妥善措施加以保护。建筑物轴线定位点和水准基点，应由上部建筑承建单位施放，并经甲方或监理验收。

根据桩位平面布置图在施工现场布置桩位，桩位放线偏差不应大于 50mm，桩位确定后应填写放线记录，经有关部门验线后方可施工。桩位点应设有不易被破坏的明显标记，并应经常复核桩位位置以减少偏差、避免漏桩。

3. 施工机具

劲芯水泥土桩施工机械由水泥土搅拌桩机和压桩机械或钻孔灌注桩机等组成。有条件时应优先采用专用劲芯水泥土桩机。劲芯水泥土桩机为实施劲芯水泥土桩作业的专用机械，整机为液压步履式，可完成深层搅拌、静力压桩、振动沉管、柱锤夯扩等多种作业。

湿法施工深层搅拌水泥土桩机采用单头搅拌桩机，其配套装置为灰浆集料筒、注浆泵、水泥浆拌合机、拌浆池等。

（1）深层搅拌水泥土桩机应配置深度计量、升降速度调节和显示、垂直度指示和调整装置、转速及电流显示仪表等。

（2）灰浆集料筒和拌浆池可预先制作或在现场砌筑，其贮浆量不宜小于每根桩注浆体积的 50%，并宜在集料筒内设置反映灰浆体积的刻度或标尺。

（3）注浆泵应采用可调式灰浆泵，并应配置流量、泵压等记录装置。

压桩机可采用自行式微型静力压桩机，其设备自重及压桩力应和芯桩贯入阻力相匹配，并应配置垂直度调整和压桩力记录装置。

当芯桩采用钻孔灌注成型时，水泥土搅拌也可采用粉体喷搅法（干法），干法施工适用于干作业成孔现浇芯桩或淤泥、淤泥质土等饱和松软土层，其施工设备应符合《建筑地基处理技术规范》JGJ 79 的有关规定。钻孔灌注桩机可采用振动沉管灌注桩机、长螺旋钻孔灌注桩机或机动洛阳铲成孔灌注桩机等。

4. 施工工艺

（1）施工步骤：

1）搅拌桩机就位、调平；

2）搅拌、喷浆（喷粉）；

3）静力压入预制钢筋混凝土芯桩或制作现浇混凝土（钢筋混凝土）芯桩；

4）移位，重复上述步骤进行下一根桩施工。

（2）水泥土桩施工

1）深层搅拌施工（湿法）

深层搅拌施工及质量控制按现行行业标准《建筑地基处理技术规范》JGJ 79 水泥土搅拌法有关要求执行。根据组合桩特点尚应作好以下几点：

A. 水泥浆应搅拌均匀，防止发生离析，宜用浆液比重计测定浆液配比及搅拌均匀程度，注入贮浆筒时应过滤。水泥浆宜在搅拌桩施工前一小时内搅拌。

B. 严格按照试成桩或工艺试验确定的有关工艺标准进行施工；施工前应对有关设备参数重新进行标定，如注浆泵单位时间输送量（m^3/min）、搅拌机升降速度（m/min）等；开工前应进行施工技术交底。

C. 宜采用提升喷浆，喷浆提升速度、遍数应和注浆泵单位时间输送量（m^3/min）相匹配，喷浆提升速度不宜超过 1.0m/min 并宜采用定值；搅拌升降速度不宜大于 2m/min；工作电流不应大于额定值；停浆面应高出桩顶设计标高 200～300mm。

在预（复）搅下沉时，也可以采用喷浆的施工工艺，但必须确保最后一次喷浆后，桩长上下至少再重复搅拌一次。

D. 芯桩底部至组合桩底应充分搅拌，必要时可增加喷浆量和搅拌次数，搅拌桩底坐浆不少于 30 秒。

E. 施工时应防止冒浆和同心钻，在塑性指数较高的黏土中施工时，宜增加搅拌次数。

F. 施工中应作好施工记录，重点是每根桩水泥用量、水灰比、每延米喷浆量（喷浆遍数、时间）及搅拌深度等，喷浆量及搅拌深度必须采用经国家计量部门认证的监测仪器进行自动记录。

G. 施工中应保持搅拌桩机底盘的水平和导向架的垂直，搅拌桩的垂直度偏差不应大于 1%；桩位施工偏差不应大于 50mm；成桩直径和桩长不应小于设计值。

2）粉体喷搅法（干法）

粉体喷搅法（干法）施工应符合《建筑地基处理技术规范》JGJ 79—2012 的有关规定。

（3）芯桩施工

1）预制钢筋混凝土芯桩制作及沉桩

A. 预制钢筋混凝土芯桩制作要求及质量控制

（A）预制钢筋混凝土芯桩宜在工厂制作，以保证质量和便于规模生产，目前预制钢筋混凝土芯桩已形成系列，不仅方便设计选用，也为工厂成批生产创造了条件。当施工现场有条件时也可在现场预制。芯桩施工质量应符合《建筑地基基础工程施工质量验收规范》GB 50202 的有关要求。

（B）预制芯桩在使用前，必须严格检查其外观质量，并检查出厂合格证。

（C）多节预制钢筋混凝土芯桩单节长度应根据设备条件、制作场地、运输装卸能力和经济指标等各项因素综合确定，单节长度不宜大于 9m。

B. 沉桩施工要求

目前预制芯桩多采用静压法施工，条件允许时也可以采用锤击法施工。

（A）沉桩前应将搅拌桩位附近泥浆清理干净，直至可准确地分辨出搅拌桩轮廓，经核对确认桩中心位置无误后方可沉桩。芯桩与搅拌桩中心施工偏差不应超过 20～40mm，桩长较大时取小值。

（B）静力压入混凝土芯桩时间间隔应经现场试验确定，当预制芯桩下沉困难时也可启动振锤。沉桩间隔时间与土质、含水量、水泥浆水灰比、水泥浆掺入量、搅拌均匀程度、芯桩断面形式、尺寸及长度以及压桩力大小等有关，因此应经现场试验确定。为减少压桩阻力宜在水泥土搅拌桩完成后 30min 内进行；压桩过程中应连续贯入，尽量减少接桩停顿时间，振锤作为辅助下沉措施，在居民区应慎用。

（C）为确保桩身垂直度，在沉桩前应复查压桩机导向架垂直度。芯桩开始沉入水泥土后，由专人沿两个方向核对桩身垂直度，确认桩身垂直后方可继续沉桩，芯桩插入时垂直度偏差不应超过 0.5%。

芯桩桩顶标高应严格控制，施工时应逐桩进行桩顶标高测量。当桩顶标高低于设计标高时，应于开槽后用与搅拌桩直径相同的高标号细石混凝土补至设计标高；当芯桩顶高出设计标高小于 300mm 时，可于开槽后剔除，严禁使用大锤硬砸，宜采用锯桩机进行截桩或用人工剔凿沟槽后截桩，防止因剔凿芯桩而损坏桩身水泥土，当桩顶水泥土松散或损坏时应剔除并用细石混凝土补齐或增设混凝土桩帽。当芯桩顶高出设计标高大于 300mm 或因沉桩间隔时间过长、桩身偏斜等造成无法继续下沉时，应与设计商定进行补桩或采取其他补救措施。

（D）芯桩沉入施工地面以下后，用送桩器将芯桩压至预定深度，芯桩桩顶标高施工偏差不应大于 ±50mm。

（E）沉桩工序完毕后应填写施工记录，沉桩施工中出现的问题应注明。

（F）接桩时可采用预埋钢板焊接，应尽量减少焊接时间，并应保证接桩后桩身的垂直度。接桩时其入土部分桩段的桩头宜高出地面 0.5～1.0m。

2）现浇混凝土或钢筋混凝土芯桩施工

A. 现浇芯桩施工要求及质量控制按《建筑桩基技术规范》JGJ 94 的有关规定执行。

现浇芯桩可采用振动沉管或干作业钻孔灌注（如螺旋钻孔、机动洛阳铲成孔等）成桩，其施工工艺的关键是如何保证沉管或钻具顺利下沉且不发生坍孔或缩颈的质量事故，其他与一般混凝土灌注桩施工要求基本相同，因此可按《建筑桩基技术规范》JGJ 94 有关规定执行。为保证桩顶质量，凿除浮浆及劣质桩头后，必须保证暴露的桩顶混凝土达到强度设计值。一般宜超灌 0.3m。

B. 芯桩采用沉管灌注时，沉管宜在水泥土初凝后进行，拔管速度宜控制在 $0.6\sim1.2\text{m/min}$，混凝土充盈系数应大于 1.0。沉管过早易发生缩颈，过晚易造成沉管下沉困难或水泥土胀裂，具体要求应依水泥土性状及施工方法由现场试验确定。

C. 芯桩采用干作业成孔灌注时，应待桩身水泥土终凝后，水泥土达到一定强度不致坍孔缩颈时方可进行。成孔后应将孔底虚土夯实，并防止杂土落入孔内。

D. 制作现浇芯桩前，应重新校核桩位，芯桩中心与搅拌桩中心偏差不应大于 $20\sim40\text{mm}$。

E. 成桩过程中，抽样作混凝土试块，每台班作一组（3 块）试块，测定其立方体抗压强度。

F. 现浇芯桩桩顶应振捣密实，桩顶标高偏差不应超过 $\pm50\text{mm}$。

二、混凝土结构施工新技术

（一）混凝土工程技术

1. 高强混凝土技术

高强混凝土作为一种新的建筑材料，以其抗压强度高、抗变形能力强、密度大、孔隙率低的优越性，在高层建筑结构、大跨度桥梁结构以及某些特种结构中得到广泛的应用。一般认为强度在 C60 以上的混凝土为高强混凝土。高强混凝土最大的特点是抗压强度高，故可减小构件的截面，因此最适宜用于高层建筑。试验表明，在一定的轴压比和合适的配箍率情况下，高强混凝土框架柱具有较好的抗震性能，而且柱截面尺寸减小，减轻自重，避免短柱，对结构抗震也有利，而且提高了经济效益。高强混凝土材料为预应力技术提供了有利条件，可采用高强度钢材和人为控制应力，从而大大地提高了受弯构件的抗弯刚度和抗裂度。因此世界范围内越来越多地采用施加预应力的高强混凝土结构，应用于大跨度房屋和桥梁中。此外，利用高强混凝土密度大的特点，可用作建造承受冲击和爆炸荷载的建（构）筑物，如原子能反应堆基础等。利用高强混凝土抗渗性能强和抗腐蚀性能强的特点，可用于建造具有高抗渗和高抗腐要求的工业用水池等。

高强混凝土也有其不足之处，由于素混凝土的延性都随着强度的提高而降低，导致高强混凝土延性较差。但材料的延性并不等同于构件或结构的延性，对高强混凝土构件通过适当的配筋构造措施，可以使其满足设计要求。此外，高强混凝土的抗拉、抗剪强度虽然随着混凝土抗压强度的增长而提高，但抗拉、抗剪强度与抗压强度的比值都随之降低。因此，对于高强混凝土的力学性能，不能简单地按照普通混凝土的概念去推论，同时高强混凝土对于原材料有严格要求，对于生产、施工各环节都有较高的质量管理要求，其质量还特别容易受到生产、运输、浇筑和养护过程中环境因素的影响。这些都需要在混凝土施工全过程中加以密切的关注。

（1）高强混凝土的配制要点

1）原材料选择

① 水泥

配制高强混凝土宜选用强度等级不低于 52.5MPa 的硅酸盐水泥、普通硅酸盐水泥和早强型硅酸盐水泥。

一般来说，用于高强混凝土的水泥，矿物成分主要由 C_3S（硅酸三钙）、C_2S（硅酸二钙）、C_3A（铝酸三钙）、C_4AF（铁铝酸四钙）所组成，其中 C_3A 的多少与混凝土拌料变硬、初凝及混凝土的早期强度有很大关系。C_3A 含量较高时，在外加高效减水剂的拌料中容易出现坍落度迅速损失的现象。所以矿物成分中应主要控制 C_3A 含量，其不宜超过 8%。

尽可能减少混凝土中的水泥用量并外加矿物掺合料应是配制高强混凝土的一个重要原则。虽然提高水泥用量可以增加强度，但也会产生严重水化热和过大收缩等问题；而且水泥用量超过某一限值（450～500kg/m³）以后，继续增大用量对混凝土强度的提高作用减弱。

② 骨料

骨料是混凝土的重要组成材料，一般分为粗骨料和细骨料，即石子和砂。配制高强混凝土的骨料，应选用坚硬、高强、密实而无空隙和无软质杂质的优良骨料。

粗骨料（石子）要优先选用抗压强度高的材料，比如花岗岩、大理石等；骨料粒型应坚实并带有棱角。骨料级配宜连续且在要求范围之内，骨料中的片状颗粒、杂质等不宜超过 5%。粗骨料的含泥量不应超过 1%，最大粒径不宜超过 25mm。粗骨料的其他质量标准应符合国家现行标准《普通混凝土用砂质量标准及检验方法》JGJ 52 的规定。

细骨料（砂）最好选用较纯净的河砂，含泥量不宜超过 2%；其细度模数不宜小于 2.6。细骨料的其他质量标准应符合国家现行标准《普通混凝土用砂质量标准及检验方法》JGJ 52 的规定。

③ 矿物掺合料

配制高强混凝土宜外加掺合料如粉煤灰、矿渣粉、硅粉等，并置换部分水泥，以改善混凝土拌合料的工作性能和硬化后混凝土的技术性能。

A. 粉煤灰

用作掺合料的粉煤灰宜符合国家现行标准《粉煤灰在混凝土及砂浆中应用的技术规程》JGJ 28 中规定的 I 级灰标准，尽可能选用细度大且烧失量低的粉煤灰。必要时通过试验也可使用 II 级灰。

B. 矿渣粉

矿渣粉是粒化高炉矿渣粉的简称，是一种优质的矿物掺合料。由符合现行国家标准《用于水泥和混凝土中的粒化高炉矿渣粉》GB/T 18046 标准的粒化高炉矿渣作为主要原料，可掺加少量石膏，经过粉磨，制成一定细度且符合一定活性指数的粉体。

配制 C80 及以上强度等级的高强混凝土掺用粒化高炉矿渣粉时，粒化高炉矿渣粉不宜低于 S95 级。

C. 硅粉

用作掺合料的硅粉，应符合表 2-1 的要求。

硅粉质量要求　　　　　　　　　　　　　　　　　　　表 2-1

项　目	质量要求	项　目	质量要求
二氧化硅含量	≥90%	密度	2.2×103kg/m³
比表面积（BET-N2 吸收法）	≥25m²/g	平均粒径	0.1～0.2μm

D. 化学外加剂

配制高强混凝土宜使用高性能减水剂。高性能减水剂的质量应符合国家现行标准《混凝土外加剂质量标准》GB 8076 的规定。当采用复合型高性能减水剂时应有具有相应资质的质量检测中心（站）的检测证明。

高性能减水剂在正确使用的条件下能够改善水泥的水化条件和提高混凝土的密实性，

所以对强度、抗渗性以及防止钢筋锈蚀都有利。但是超量使用高性能减水剂会损害混凝土的耐久性。

2）高强混凝土配合比设计要点

① 高强混凝土配合比的计算方法及步骤除按照普通混凝土有关规定外，同时应符合下列规定：

A. 水胶比、胶凝材料用量和砂率可按表 2-2 选取，并应经试配确定。

高强混凝土水胶比、胶凝材料用量和砂率　　　　　　　　表 2-2

强度等级	水胶比 水/（水泥＋掺合料）	胶凝材料用量 （kg/m³）	砂率（%）
C60～C80	0.28～0.33	480～560	35～42
C80～C100	0.26～0.28	520～580	
C100	0.24～0.26	550～600	

B. 外加剂和矿物掺合料的品种、掺量，应通过试配确定；矿物掺合料掺量宜为 25%～40%；硅灰掺量不宜大于 10%。

C. 水泥用量不宜大于 500kg/m³。

② 高强混凝土配合比的试配与确定的步骤除应按普通混凝土的配合比设计规定进行外，当采用 3 个不同的配合比进行混凝土强度试验时，其中 1 个应为基准配合比，另外 2 个配合比的水灰比宜较基准配合比分别增加、减少 0.02。

③ 高强混凝土设计配合比确认后，尚应用该配合比进行不少于三盘混凝土的重复试验，每盘混凝土应至少成型一组试件，每组混凝土的抗压强度不应低于试配强度。

（2）高强混凝土施工要点

1）混凝土搅拌工艺

① 高强混凝土宜采用双卧轴强制式搅拌机。搅拌时间宜符合表 2-3 的规定：

高强混凝土搅拌时间（s）　　　　　　　　表 2-3

混凝土强度等级	施工工艺	搅拌时间	混凝土强度等级	施工工艺	搅拌时间
C60～C80	泵送	60～80	>C80	泵送	90～120
	非泵送	90～120		非泵送	≥120

② 搅拌掺用纤维、分装外加剂的高强混凝土时，搅拌时间宜适当延长，延长时间不宜少于 30s。

③ 清洁过的搅拌机搅拌第一盘高强混凝土时，宜分别增加 10% 的水泥用量和 10% 的砂子用量，相应调整用水量，保持水灰比不变，以弥补搅拌机挂浆造成的砂浆损失。

④ 搅拌应保证预拌高强混凝土拌合物质量均匀，同一盘混凝土的搅拌匀质性应符合现行国家标准《混凝土质量控制标准》GB 50164 的有关规定。

2）混凝土拌合物检验

制备高强混凝土应加强目测检查，并按国家现行标准《预拌混凝土》GB/T 14902 规定，对出机混凝土进行坍落度检测和经时坍落度损失的测定，相应指标必须符合设计要求。检查过程中应重点检查：原材料的品种、规格和质量；所用配合比、搅拌工艺和搅拌时间；混凝土拌合物的和易性、黏聚性和保水性；出机坍落度、浇筑现场入泵坍落度等。

3）混凝土的运输

高强混凝土运输应采用搅拌运输车，当距离很近时，可采用翻斗车。一般情况下对于高强及其他高性能混凝土运输应符合如下规定：

① 搅拌运输车应符合国家现行行业标准《混凝土搅拌运输车》GB/T 26408 的规定，对于特殊天气，如严寒及炎热天气，车辆应有保温及隔热措施。

② 现场翻斗车仅限用于运送坍落度小于 80mm 的混凝土，且距离不宜过长，并且道路应平整。

③ 搅拌车在装料前，必须将搅拌罐内的积水排尽，同时严禁向搅拌罐内的混凝土中加水。

④ 当卸料前需要在混凝土拌合物中加入外加剂时，应在外加剂加入后高速旋转搅拌罐进行搅拌。

⑤ 预拌混凝土从搅拌机卸入搅拌运输车至卸料时的运输时间不宜大于 90min，如果需要延长运输时间，则应采取相应的有效技术措施。

⑥ 当采用泵送施工工艺时，应能保证混凝土浇筑的连续性。

⑦ 搅拌运输车出入厂区及施工现场时宜采用循环水进行冲洗以保持车辆的卫生清洁。

4）混凝土的浇筑

① 浇筑高强混凝土前，应根据工程特点、环境条件、施工工艺与施工条件制定混凝土浇筑方案。

② 浇筑前，应检查模板、钢筋、保护层和预埋件的尺寸、规格、数量和位置，其相应偏差值应符合现行的国家规范。

③ 浇筑前，应重点检查模板及架体支撑的稳定性以及模板接缝的密合情况。保证模板在浇筑过程中不失稳、不跑模、不漏浆。

④ 浇筑前，应清除模板内的杂物，同时浇筑前，模板进行浇水湿润。

⑤ 当天气炎热施工时，高强混凝土入模温度不应高于 35℃，宜选择傍晚及夜间浇筑。当冬期施工期间，入模温度不应低于 5℃，同时应有保温措施。

⑥ 泵送设备和管道的选择、布置及其泵送操作可按现行行业标准《混凝土泵送施工技术规程》JGJ/T 10 的规定执行。

⑦ 不同配合比或不同强度等级混凝土在同一时间段交替浇筑时，输送管道中的混凝土不得混入其他不同配合比或不同强度的混凝土。润滑泵管的砂浆不得浇筑在重要构件上，也不得集中浇筑在非重要结构部位。

⑧ 当泵送混凝土的自由倾落高度大于 2m 时，宜采用串筒、溜管或振动溜管等设备，避免混凝土离析。

⑨ 当泵送高度超过 100m 时，宜采用高压泵进行高强混凝土泵送，当泵送高度大于 100m，且强度不低于 C80 的高强混凝土时，宜采用 150mm 管径的输送管。

⑩ 浇筑竖向尺寸较大的构件时，应进行分层浇筑，每层的浇筑厚度宜控制在 300～350mm；浇筑大体积混凝土时，可利用自然流淌形成斜坡沿高度均匀上升，分层厚度不应大于 500mm，高强混凝土分层浇筑时间的间隔时间不得超过 90min，严禁随意留置施工缝。

⑪ 当泵送不同配合比的混凝土时，应清空输送管道中存留的原有混凝土。

⑫ 不同强度等级混凝土现浇对接处，应设在低强度等级混凝土构件中，与高强度等级构件间距不宜小于500mm，现浇对接处可设置密孔钢丝网拦截混凝土拌合物。

⑬ 浇筑时应先浇筑高强度等级混凝土，后浇低强度等级混凝土；低强度等级混凝土不得流入高强度等级混凝土构件中。

⑭ 混凝土振捣宜采用机械振捣。一般采用振捣棒捣实，插入间距不应大于振捣棒振动作用半径的一倍，连续多层浇筑时，振捣棒应插入下层混凝土拌合物50mm再进行振捣，当浇筑厚度不大于200mm的表面积较大的平面结构或构件时，宜采用表面振动成型。

⑮ 振捣时间宜控制在10～30s内，当混凝土拌合物表面出现泛浆，并且基本无气泡逸出，则视为捣实。

⑯ 高强混凝土浇筑成型后，应及时对混凝土进行覆盖。梁板及道路等平面结构混凝土终凝前，应用抹子搓压表面至少两遍，平整后再次进行覆盖。

⑰ 混凝土构件成型后，在强度达到1.2MPa以前，不得在构件上面踩踏行走。

5）混凝土的养护

高性能混凝土应根据施工要求、环境条件、混凝土材料和生产工艺情况，选用适宜的养护方法和养护制度，保证混凝土性能稳定发展，达到设计强度和耐久性要求。高性能混凝土养护应符合下列规定：

① 生产和施工单位应根据结构、构件或制品情况、环境条件、原材料情况以及对混凝土性能的要求等，提出施工养护方案或生产养护制度，并应严格执行，详细记录。

② 混凝土施工可采用浇水、覆盖保湿、喷涂养护剂、冬期蓄热养护等方法进行养护；混凝土构件或制品厂生产可采用蒸汽养护、湿热养护或潮湿自然养护等方法进行养护，选择的养护方法应满足施工养护方案或生产养护制度的要求。

③ 采用塑料薄膜覆盖养护时，混凝土全部表面应覆盖严密，并应保持膜内有凝结水；当采用混凝土养护剂进行养护时，养护剂的有效保水率不应小于90%，7d和28d试块的抗压强度与标准养护条件下的抗压强度之比均不应小于95%，养护剂有效保水率和抗压强度比的试验方法应符合现行行业标准的规定。

④ 养护用水温度与混凝土表面温度之间的温差不宜大于20℃。

⑤ 混凝土施工养护时间应符合下列规定：

A. 对于采用硅酸盐水泥、普通硅酸盐水泥或矿渣硅酸盐水泥配置的混凝土，采用浇水和潮湿覆盖的养护时间不得少于7d。

B. 对于采用粉煤灰硅酸盐水泥、火山灰质硅酸盐水泥、复合硅酸盐水泥配置的混凝土，或掺加缓凝剂的混凝土以及大掺量矿物掺合料混凝土，采用浇水和潮湿覆盖的养护时间不得少于14d。

C. 对于竖向混凝土结构，养护时间宜适当延长。

⑥ 混凝土构件或制品厂的混凝土养护应符合下列规定：

A. 采用蒸汽养护或湿热养护时，养护时间和养护制度应满足混凝土及其制品性能的要求。

B. 采用蒸汽养护时，应分为静停、升温、恒温和降温四个养护阶段，混凝土成型后的静停时间不宜少于 2h，升温速度不宜超过 25℃/h，降温速度不宜超过 20℃/h，最高和恒温温度不宜超过 65℃。

对于大体积混凝土，养护过程应进行内部温度、表层温度和环境气温监测，根据混凝土温度和环境变化情况及时调整养护制度，控制混凝土内部和表面温差不宜超过 25℃，表面与外界的温差不宜大于 20℃。

⑦ 对于冬期施工的混凝土，养护应符合下列规定：

A. 日均气温低于 5℃时，不得采用浇水自然养护的方法。

B. 为能够将混凝土冻结后的强度损失控制在 5%以内，根据国家现行标准《建筑工程冬期施工规程》JGJ/T 104，混凝土受冻前的强度不得低于 5MPa。

C. 模板和保温层应在混凝土冷却到 5℃时，方可拆除，或在混凝土表面温度与外界温度相差不大于 20℃时拆模，拆模后的混凝土应及时覆盖，使其缓慢冷却。

D. 混凝土强度达到设计强度等级的 50%时，方可撤除养护措施。

⑧ 养护尚应符合现行国家标准《混凝土质量控制标准》GB 50164 和《混凝土结构工程施工规范》GB 50666 的规定。

2. 超高泵送混凝土技术

（1）技术概念及发展概况

超高泵送混凝土技术一般是指泵送高度超过 200m 的现代混凝土泵送技术。近年来，随着经济和社会发展，泵送高度超过 300m 的建筑工程越来越多，上海金茂大厦，泵送高度 382.5m，一次泵送 174m³；北京中国国际贸易中心三期 A 阶段工程，一次泵送高度 330m；上海环球金融中心，C60 混凝土泵送高度 289.55m，C50 混凝土泵送高度为 344.3m，C40 混凝土泵送高度为 492m；广州珠江新城西塔工程，C80 混凝土泵送高度为 410m，C90 混凝土泵送高度为 167m。

随着超高层建筑在世界范围内的再次兴起，超高泵送混凝土技术势必成为其中的一项关键技术，所以研究该项技术十分必要和紧迫。超高泵送混凝土技术是一项综合技术，包含混凝土制备技术、泵送参数计算、泵送机械选定与调试、泵管布设和过程控制等内容。

（2）混凝土技术特点

高层泵送混凝土的配合比的设计与普通混凝土设计基本相同，但在用水量、砂率的确定和外加剂及混合材料的选择上有其特殊性。

混凝土在达到工程要求的强度和耐久性的前提下，混凝土的可泵性主要通过坍落度和压力泌水值双指标评价。主要从以下几方面进行控制：

1）增加混凝土坍落度：拌合料的坍落度应根据泵送高度确定，作为超高层泵送，有效高度都在 200m 以上，坍落度应控制在 220～240mm。

2）适当提高砂率：经研究表明，细骨料增加可以减少拌合物的泌水，故可以提高混凝土的泵送性。

3）适当增大水泥用量：增大水泥用量可以提高混凝土拌合物的流动性。

4）适量掺加混凝土泵送剂：在不增加用水量的情况下，可以增加混凝土的坍落度。

（3）混凝土原材料的选择

1）水泥：水泥的矿物组成对混凝土施工性能影响较大，最理想的情况是 C_2S 的含量达到 40%～70%，同时 C_3S 的含量较低。

2) 粉煤灰：对比试验发现，不同产地、不同种类的 I 级粉煤灰对混凝土拌合物性能的影响有较大差异，比如 C 类较 F 类对黏度控制有利，但应控制其最大掺量。

3) 砂石：常规泵送作业要求最大骨料粒径与管径之比不大于 1∶3，但在超高层泵送中管道内压力大，易出现分层离析现象，因此比例宜小于 1∶5，且应控制粗骨料针片状物的含量。

4) 外加剂：选用减水率较高、保塑时间较长的聚羧酸系减水剂。同时，适当调整外加剂中的引气剂的比例，以提高混凝土的含气量，使混凝土进一步在较大坍落度情况下有较好的黏聚性和黏度。

（4）混凝土配合比设计要点

1) 泵送混凝土配合比，除必须满足混凝土设计强度和耐久性的要求外，尚应使混凝土满足可泵性的要求。

2) 泵送混凝土配合比设计，应根据混凝土原材料、混凝土运输距离、混凝土泵与混凝土输送管径、泵送距离、气温等具体施工条件试配。必要时，应通过试泵送确定泵送混凝土配合比。

3) 泵送混凝土的用水量与胶凝材料总量之比不宜大于 0.6。

4) 砂率对混凝土泵送也有一定影响，当混凝土拌合物通过非直管或软管时，粗骨料颗粒间相对位置将产生变化。此时，若砂浆量不足，则拌合物变形不够，容易产生堵塞现象。若砂率过大，集料的总表面积和孔隙率都增大，拌合物显得干稠，流动性小。因此，合理的砂率值主要根据混合物的坍落度及黏聚性、保水性等特性来确定，以便达到黏聚性及保水性良好，坍落度最大。泵送混凝土砂率宜为 35%～45%。

5) 泵送混凝土的胶凝材料总量不宜小于 $300kg/m^3$。

6) 泵送混凝土应掺适量外加剂，外加剂的品种和掺量宜由试验确定，不得随意使用。

7) 掺用引气剂型外加剂的泵送混凝土的含气量不宜大于 4%。

8) 掺粉煤灰的泵送混凝土配合比设计，必须经过试配确定，并应符合现行有关标准的规定。

9) 单位用水量对高强度等级混凝土的黏度影响较大。采用 V 形漏斗试验对黏度进行检测时发现，当扩展度同样达到（600±20mm）的条件下，如采用低用水量与高掺量泵送剂匹配，V 形漏斗通过时间就增加；相反高用水量和低掺量泵送剂匹配，通过时间就缩短。综合考虑用水量对强度、压力泌水率和拌合物稳定性等因素的影响，确定最大用水量后再通过调整外加剂组成、掺量等，配制出坍落度经时损失满足要求的混凝土。

10) 泵送混凝土的可泵性，可按国家现行标准《普通混凝土拌合物性能试验方法标准》GB/T 50080 有关压力泌水试验的方法进行检测，一般 10s 时的相对压力泌水率不宜超过 40%。对于添加减水剂的混凝土，宜由试验确定其可泵性。

11) 超高泵送混凝土的入泵坍落度，泵送高度 200m 时，坍落度为 190～220mm，泵送高度 400m 时，坍落度为 230～260mm。

12) 泵送混凝土试配时要求坍落度应按下列公式计算，泵送混凝土试配时应考虑坍落度经时损失。

$$T_t = T_p + \Delta T \tag{2-1}$$

式中　T_t——试配时要求的坍落度值（cm）；

　　　T_p——入泵时要求的坍落度值（cm）；

　　　ΔT——试验测得在预计时间内的坍落度经时损失值（cm）。

（5）混凝土技术指标

1）混凝土拌合物的工作性良好，无离析泌水，坍落度一般在 180mm～200mm，泵送高度超过 300m 的，坍落度宜大于 240mm，坍落扩展度大于 600mm（坍落扩展度是通过坍落度筒，在测定坍落度值的同时测定坍落扩展值，来反映混凝土拌合物的变形能力），倒锥法混凝土下落时间小于 15s。

2）硬化混凝土物理力学性能指标包括抗压强度、抗拉强度、抗折强度、抗渗指标、抗冻指标等，其中主要是抗压和抗折强度。

（6）混凝土的拌制

混凝土拌制过程主要分为以下几个步骤：

1）进行水泥与外加剂的适应性试验，确定水泥和外加剂的品种。

2）根据混凝土的和易性和强度指标选择确定优质矿物掺合料。

3）寻找最佳掺合料双掺比例，最大限度地发挥掺合料的效果。

4）根据混凝土性能指标和成本控制指标等确定掺合料的最佳替代掺量。

5）通过调整外加剂性能、砂率、粉体含量等措施，进一步降低混凝土和易性尤其是黏度的经时变化率。

6）根据现场实际泵送高度变化确定满足技术及现场要求的一组或几组配合比。

7）根据现场试泵送，确定最终配合比。

（7）混凝土泵送设备选型及管道布设

1）混凝土泵的选型

① 混凝土泵的选型应根据工程特点、输送高度和距离、混凝土工作性确定。

② 输送泵的数量应根据混凝土浇筑量和施工条件确定，必要时应设置备用泵。

③ 混凝土泵选型的主要技术参数为：泵的最大理论排量（m³/h）、泵的最大混凝土压力（MPa）、混凝土的最大水平运距（km）、最大垂直运距（m）。

④ 一般情况下，高层建筑混凝土输送可采用固定式高压混凝土泵输送混凝土。常用的有 HBT60/80/90/100/120 拖式混凝土泵等。

2）泵送能力验算

① 泵的额定工作压力应大于按下式计算的混凝土最大泵送阻力。

$$P_{max} = \frac{\Delta P_H L}{10^6} + P_f \tag{2-2}$$

式中　P_{max}——混凝土最大泵送阻力（MPa）；

　　　L——各类布置状态下混凝土输送管路系统的累积水平换算距离，可按表 2-4 换算累加确定；

　　　ΔP_H——混凝土在水平输送管内流动每米产生的压力损失（Pa/m），可按公式 2-4 计算；

P_f——混凝土泵送系统附件及泵体内部压力损失，当缺乏详细资料时，可按表 2-5 取值累加计算（MPa）。

混凝土输送管水平换算长度　　　　表 2-4

管类别或布置状态	换算单位	管规格		水平换算长度（m）
向上垂直管	每米	管径（mm）	100	3
			125	4
			150	5
倾斜向上管（输送管倾斜角为 α）	每米	管径（mm）	100	$\cos\alpha + 3\sin\alpha$
			125	$\cos\alpha + 4\sin\alpha$
			150	$\cos\alpha + 5\sin\alpha$
垂直向下及倾斜向下管	每米	—		1
锥形管	每根	锥径变化（mm）	175→150	4
			150→125	8
			150→100	16
弯管（弯管弧角为 β，$\beta \leqslant 90°$）	每只	弯曲半径（mm）	500	$12\beta/90$
			1000	$9\beta/90$
胶管	每根	长 3~5m		20

混凝土泵送系统附件的估算压力损失　　　表 2-5

附件名称		换算单位	换算压力损失（MPa）
管路截止阀		每个	0.1
泵体附属结构	分配阀	每个	0.2
	启动内耗	每台泵	1.0

② 混凝土泵的最大水平输送距离，按下列方法确定：

A. 试验确定；

B. 根据混凝土泵的最大出口压力、配管情况、混凝土性能指标和输出量，按公式 2-3 计算。

$$L_{max} = \frac{P_e - P_f}{\Delta P_H} \times 10^6 \qquad (2\text{-}3)$$

其中

$$\Delta P_H = \frac{2}{r}\left[K_1 + K_2\left(1 + \frac{t_2}{t_1}\right)V_2\right]a_2 \qquad (2\text{-}4)$$

$$K_1 = 300 - S_1 \qquad (2\text{-}5)$$

$$K_2 = 400 - S_1 \qquad (2\text{-}6)$$

式中　L_{max}——混凝土泵的最大水平输送距离（m）；

P_e——混凝土泵额定工作压力（Pa）；

ΔP_H——混凝土在水平输送管内流动每米产生的压力损失（Pa/m）；

P_f——混凝土泵送系统附件及泵体内部压力损失，当缺乏详细资料时，可按表2-6取值累加计算（MPa）；

K_1——黏滞系数（Pa）；

K_2——速度系数（Pa·s/m）；

S_1——混凝土坍落度（mm）；

$\dfrac{t_2}{t_1}$——混凝土泵分配阀切换时间与活塞推压混凝土时间之比，当设备性能未知时，可取0.3；

V_2——混凝土拌合物在输送管内的平均流速（m/s）；

a_2——径向压力与轴向压力之比，对普通混凝土取0.9。

3）混凝土泵的数量计算

混凝土泵的台数，可根据混凝土浇筑体积量、单机的实际平均输出量和施工作业时间，按公式（2-7）计算：

$$N_2 = Q/(Q_1 \cdot T_0) \tag{2-7}$$

式中　N_2——混凝土泵台数；

Q——混凝土浇筑体积量；

Q_1——每台混凝土泵的实际平均输出量（m³/h）；

T_0——混凝土泵送计划施工作业时间（h）。

4）混凝土泵的布置要求

① 混凝土泵应安装于场地平整坚实，周围道路畅通，接近排水设施和供水、供电、供料方便，距离浇筑地点近，便于配管之处。在混凝土泵的作业范围内，不得有高压电线等危险物。

② 混凝土输送不宜采用接力输送的方式，当必须采用接力泵泵送混凝土时，接力泵的设置位置应使上、下泵的输送能力匹配。当在建筑楼面上设置接力泵时，应验算楼面结构承载能力，必要时应采取加固措施。

③ 混凝土泵转移运输时的安全要求应符合产品说明及有关标准的规定。

5）混凝土输送管的配管设计与敷设要求

① 应根据工程和施工场地特点、混凝土浇筑方案，对混凝土输送配管进行合理设计。管线布置宜横平竖直，尽量缩短管路长度，并保证安全施工，便于管路清洗、排除故障和拆装维修。

② 管线布置中尽可能减少弯管使用数量，除终端出口处采用软管外，其余部位均不宜采用软管。除泵机出料口处，同一管路中，应采用相同管径的输送管，不宜使用锥管；当新旧管配合使用时，应将新管布置在泵送压力大的一侧。

③ 混凝土输送管规格应根据粗骨料最大粒径、混凝土输出量和输送距离以及输送难易程度进行选择。

④ 输送管强度应与泵送条件相适应，不得有龟裂、空洞、凹凸损伤和弯折等缺陷。

其接头应密封良好，具有足够强度，并能快速拆装。

⑤ 泵送施工地下结构物时，地表水平管轴线应与泵机出料口轴线垂直。

⑥ 混凝土输送管应采用支架固定，支架应与结构牢固连接，输送泵管转向处支架应加密；支架应通过计算确定，同时要对设置支架处的结构进行验算，必要时应采取加固措施。

⑦ 向上输送混凝土时，地面水平输送泵管的直管和弯管总的折算长度不宜小于竖向输送高度的 20%，且不宜小于 15m。

⑧ 超高层泵送施工时，为防止泵管高度过大造成混凝土拌合物反流，每隔 20 层应设置一段水平管，从楼板的另一侧向上垂直接泵管。水平管长度不宜小于垂直管长度的 25%，且不宜小于 15m，同时在混凝土泵出料口 3~6m 处的输送管根部应设置截止阀，防止混凝土拌合物反流。

⑨ 倾斜向下配管时，应在斜管上端设排气阀。

⑩ 施工过程中应定期检查管道特别是弯管等部位的磨损情况，以防爆管；在泵机出口或有人员通过之处的管段，应增设安全防护结构。夏季或冬季施工时，应注意采取必要的防护措施，以保证泵送混凝土入模时的合理温度。

6）超高层泵送施工现场管理要点

① 泵送混凝土前，先把储料斗内清水从管道用泵泵出，达到湿润和清洁管道的目的，然后向料斗内加入与混凝土配比相同的水泥砂浆，润滑管道后方可开始泵送混凝土。

② 开始泵送时，泵送速度宜放慢，油压变化应在允许范围内，待泵送顺利时，才能采用正常速度进行泵送。

③ 泵送期间，料斗内的混凝土量应保持不低于缸筒口上 10mm 到料斗口下 150mm 之间为宜。避免吸入率低，容易吸入空气造成塞管，同时若混凝土过多则会反抽时会溢出并加大搅拌轴负荷。

④ 混凝土泵送宜连续作业，当混凝土供应不及时，需降低泵送速度，泵送暂时中断时，搅拌不应停止。当叶片被卡死时，需反转排除，之后正转、反转交替进行一段时间，待正转顺利后方可继续泵送。

⑤ 泵送中途若停歇时间超过 20min、管道又较长时，应每隔 5min 开泵一次，泵送少量混凝土；管道较短时，可采用每隔 5min 正反转 2~3 行程，使管内混凝土蠕动，防止拌合物泌水离析；长时间停泵超过 45min，同时气温较高，混凝土坍落度较小时可能造成塞管，宜将混凝土从泵和管道中清除，保证下次泵送时，能正常使用。

（二）钢筋工程技术

1. 高强钢筋应用技术

（1）高强钢筋概念

高强钢筋是指现行国家标准中的屈服强度为 400MPa 和 500MPa 级的普通热轧带肋钢筋（HRB）和细晶粒热轧带肋钢筋（HRBF）。普通热轧钢筋（HRB）多采用 V、Nb 或 Ti 等微合金化工艺进行生产，其工艺成熟、产品质量稳定，钢筋综合性能好。细晶粒热轧钢筋（HRBF）通过控轧和控冷工艺获得超细组织，从而在不增加合金含量的基础上提高钢材的性能，细晶粒热轧钢筋焊接工艺要求高于普通热轧钢筋，应用中应予以注意。经过多年的技术研究、产品开发和市场推广，目前 400MPa 级钢筋已得到较广泛应用，500MPa 级钢筋开始应用。

高强钢筋应用技术主要有设计应用技术、钢筋代换技术、钢筋加工及连接锚固技术等。

400MPa 和 500MPa 级钢筋的技术指标应符合现行国家标准《钢筋混凝土用钢第 2 部分：热轧带肋钢筋》GB 1499.2 的规定，设计及施工应用指标应符合《混凝土结构设计规范》GB 50010、《混凝土结构工程施工质量验收规范》GB 50204、《混凝土结构工程施工规范》GB 50666 及其他相关标准。钢筋直径为 6～50mm，400MPa 级钢筋的屈服强度标准值为 $400N/mm^2$，抗拉强度标准值为 $540N/mm^2$，抗压强度设计值为 $360N/mm^2$；500MPa 级钢筋的屈服强度标准值为 $500N/mm^2$，抗拉强度标准值为 $630N/mm^2$，抗压强度设计值为 $435N/mm^2$；对有抗震设防要求的结构，建议采用带后缀的"E"的抗震钢筋。

按现行标准规范，在混凝土结构中，高强钢筋使用量理论上可以达到钢筋总量的 90% 左右。我国 HRB400 级钢筋用量占钢筋总量的 70%，HRB500 级钢筋仅在示范项目的混凝土梁、柱纵向受力钢筋中推广应用。而发达国家钢筋多以 HRB400、HRB500 级为主，甚至 HRB600 级，其用量一般占到钢筋总量的 70%～80%。这表明我国有推广应用高强钢筋的巨大潜力。

（2）高强钢筋的特点

1）强度高、安全储备大、经济效益显著

HRB400、HRB500 钢筋用于取代传统的 HRB335 级钢筋，其抗拉抗压强度设计值由 310MPa 提高到 360MPa、435MPa，在混凝土结构中可节约 14%～20% 钢材。HRB400 钢筋用于取代传统 HPB235 级钢筋，则抗拉抗压设计强度值可由 210MPa 提高到 360MPa，在结构中节约 32% 左右的钢材。

2）机械性能好

HRB400、HRB500 钢筋显著改善了 HRB335 级钢筋的力学性能，强度提高的同时塑性降低很小或者基本不降低，此外，HRB400、HRB500 级钢筋冷弯性能优于 HRB335 级钢筋，克服了弯折钢筋部位出现微小裂纹，易于消除结构质量隐患。

3）焊接性能好

HRB400 级钢筋的碳当量低，有良好的焊接性能，可以采用闪光对焊、气压焊、电渣压力焊和手工电弧焊进行焊接。

4）抗震性能良好

由于高强钢筋的强屈比大于 1.25，钢筋在最大力下的总伸长率 A_{gt} 不小于 7.5%，可使钢筋在最大力作用下有较大的弯形而不断裂，在遭遇地震灾害时，能发挥良好的抗震作用，有利于提高建筑结构的抗震性能和安全性。

5）使用范围广、规格齐全

HRB400、HRB500 钢筋适用于柱、梁、墙、板等结构构件。产品直径为 6～50mm，推荐直径为 6、8、12、16、20、25、32、40、50mm，克服了 HRB335 级钢缺少 φ<12mm 小直径盘圆线材及 HPB235 级钢缺少 φ>25mm 粗直径直条筋的难题，便于施工下料与配筋绑扎，使钢筋布置更趋合理，易于混凝土的浇捣。

（3）高强钢筋的技术性能

1）热轧带肋钢筋的化学成分和碳当量不应大于表 2-6 规定值。根据需要钢中还可以加入 V、Nb、Ti 等元素。

热轧带肋钢筋化学成分组成　　　　　　　　　　表 2-6

牌号	化学成分（%）					
	C	Si	Mn	P	S	Ceq
HRB400	0.25	0.80	1.60	0.045	0.045	0.54
HRB500	0.25	0.80	1.60	0.045	0.045	0.55

2）热轧带肋钢筋的力学性能应符合表 2-7 规定。

热轧带肋钢筋力学性能　　　　　　　　　　表 2-7

牌号	屈服强度特征值 R_{el}（MPa）	抗拉强度特征值 R_m（MPa）	断后伸长率 A（%）	最大力总伸长率 A_{gt}（%）
HRB400 HRBF400	≥400	≥540	≥16	≥7.5
HRB500 HRBF500	≥500	≥630	≥15	

抗震等级为一、二、三级的框架梁、框架柱和斜撑构件（含梯段）纵向受力钢筋应采用符合抗震性能指标的抗震钢筋，其钢筋的抗拉强度实测值与屈服强度实测值的比值不应小于 1.25；钢筋的屈服强度实测值与屈服强度标准值的比值不应大于 1.3，且钢筋在最大拉力下的总伸长率实测值不应小于 9%。

3）高强钢筋的设计参数

在国家现行标准《混凝土结构设计规范》GB 50010、《混凝土结构工程施工质量验收规范》GB 50204、《混凝土结构施工规范》GB 50666 等国家标准中，已将 HRB500 和 HRBF500 钢筋纳入新规范，500MPa 级钢筋的标准强度取 500MPa，材料分项系数取 1.15 抗拉强度设计值为 435MPa，抗压设计值为 410MPa，作为受力箍筋使用时，强度设计值不应超过 360MPa。400MPa 级钢筋的抗拉强度标准值取 400MPa，设计值为 360MPa、抗压设计值为 360MPa。

（4）高强钢筋应用技术

高强钢筋的施工要求：

① 材料要求

高强钢筋通常按照定尺长度交货，若以盘卷交货时，每盘应是一条钢筋，长度偏差不得超过 50mm。

A. 直条筋的弯曲度不影响正常使用，总弯曲率不大于钢筋总长度的 0.4%。

B. 钢筋端部应剪切正直，局部变形应不影响使用。

C. 钢筋在最大应力下的总伸长率不小于 7.5%。

D. 钢筋弯曲性能应符合现行国家标准，原则上弯曲部位表面不得产生裂纹。

E. 表面质量：钢筋表面不得有裂纹、结疤和折叠，表面允许有凸块但不得超过横肋的高度，钢筋表面上其他缺陷的深度和高度不得大于所在部位尺寸的允许偏差。

② 高强钢筋加工要求

高强钢筋加工原则与普通钢筋加工并无太大区别，只是个别方式及要求有微调：

A. 钢筋宜采用机械设备进行调直，也可采用冷拉方法调直。当采用机械设备调直时，调直设备不应具有延伸功能。当采用冷拉方法调直时，HRB400、HRB500 带肋钢筋的冷拉率不宜大于 1%。钢筋调直过程中不应损伤带肋钢筋的横肋。调直后的钢筋应平直，不应有局部弯折。

B. 钢筋弯折的弯弧内直径应符合下列规定：

a. 400MPa 级带肋钢筋的弯弧内直径不应小于钢筋直径的 4 倍。

b. 500MPa 级带肋钢筋，当直径为 28mm 以下时不应小于钢筋直径的 6 倍。

c. 当直径为 28mm 及以上时不应小于钢筋直径的 7 倍。

d. 框架结构的顶层端节点，对梁上部纵向钢筋、柱外侧纵向钢筋在节点角部弯折处，当钢筋直径为 28mm 以下时，弯弧内直径不宜小于钢筋直径的 12 倍，钢筋直径为 28mm 及以上时，弯弧内直径不宜小于钢筋直径的 16 倍。

e. 箍筋弯折处的弯弧内直径尚不应小于纵向受力钢筋直径。

C. 钢筋调直后应进行力学性能和重量偏差的检验，其强度应符合有关标准的规定。盘条钢筋和直条钢筋调直后的断后伸长率、重量负偏差应符合表 2-8 的规定。

盘条钢筋和直条钢筋调直后的断后伸长率、重量负偏差　　表 2-8

钢筋牌号	断后伸长率 A（%）	重量负偏差		
		直径 6～12mm	直径 14～20mm	直径 22～50mm
HRB400 HRBF400	≥15	≤8	≤6	≤5
HRB500 HRBF500	≥14			

注：1. 断后伸长率 A 的量测标距为 5 倍钢筋公称直径；
　　2. 重量负偏差（%）按公式 $(W_0 - W_d)/W_0 \times 100$ 计算，其中 W_0 为钢筋理论重量（kg/m），W_d 为调直后钢筋的实际重量（kg/m）；
　　3. 对直径为 28mm～40mm 的带肋钢筋，表中断后伸长率可降低 1%；对直径大于 40mm 的带肋钢筋，表中断后伸长率可降低 2%；
　　4. 采用无延伸功能的机械设备调直的钢筋，可不进行本条规定的检验。

③ 高强钢筋连接要求

高强钢筋连接方式应根据设计要求和施工条件选用。钢筋的连接可采用绑扎搭接、机械连接或焊接。各种连接基本要求与普通钢筋无太大差别，以下几点需特别注意：

A. 500MPa 级热轧带肋钢筋不宜采用电渣压力焊的焊接连接形式；HRB500 钢筋的闪光对焊应进行温度控制或焊后热影响区的控制。当钢筋直径小于 18mm 时，宜采用连续闪光焊；当钢筋直径大于等于 18mm 时应采用预热闪光焊或闪光—预热闪光焊。

B. 闪光焊接 HRB500 钢筋时，顶锻留量宜稍微增大，以确保焊接质量。

C. 闪光对焊时，HRB400、HRB500 钢筋的调伸长度宜在 40～60mm 内选用。

D. RRB400 钢筋闪光对焊时，与热轧钢筋比较，应减小调伸长度，提高焊接变压器级数，缩短加热时间，快速顶锻，形成快热快冷条件，使热影响区长度控制在钢筋直径的 0.6 倍范围之内。

E. HRB500 钢筋焊接时，应采用预热闪光焊或闪光—预热闪光焊工艺。当接头拉伸试验结果发生脆性断裂，或弯曲试验不能达到规定要求时，尚应在焊机上进行焊后热处理。

F. 对 HRB400 级钢筋采用预热闪光焊时，应做到一次闪光，闪平为准；预热充分，频率要高；二次闪光，短、稳、强烈；顶锻过程，快而有力。对 HRB500 级钢筋，为避免在焊缝和热影响区产生氧化缺陷、过热和淬硬脆裂现象，焊接时，要掌握好温度、焊接参数，操作要做到一次闪光，闪平为准，预热适中，频率中低；二次闪光，短、稳、强烈；顶锻过程，快而用力得当。

G. 对于采用焊接方式连接的细晶粒热轧带肋钢筋和直径大于 25mm 的 500MPa 级热轧带肋钢筋应进行专门检验；

H. 采用电弧焊时，当发现接头中有弧坑、气孔及咬边等缺陷时，应立即补焊。HRB400 级钢筋接头冷却后补焊时，应采用氧气乙炔焰预热。

④ 高强钢筋锚固要求

高强钢筋的锚固长度应比 HRB335 级钢筋增加 5d，搭接长度和延伸长度也应相应增加，以保证钢筋锚固的安全可靠。增加锚固长度有困难时，可以采用机械锚固措施解决，如在钢筋端部弯钩、贴焊锚筋、焊锚板、墩头等，锚固长度可按直筋锚固长度乘以折减系数 α，α 取值见表 2-9。使用时，在机械锚固措施的锚固长度范围内，混凝土保护层厚度应不小于钢筋直径；箍筋直径不小于锚筋直筋的 1/4，箍筋间距不大于锚筋直筋的 5 倍。当采用弯钩和贴焊筋时，锚头方向宜偏向构件截面内部；如锚固区处于支座范围内，最好将锚头平置，而且受压区钢筋的锚固，不宜采用弯钩和贴焊筋的锚固形式。

锚固长度折减系数　　　　表 2-9

机械锚固形式	直筋	弯钩	贴焊锚筋	墩头	焊锚板
α	1.00	0.65	0.65	0.75	0.75

2. 钢筋焊接网应用技术

（1）钢筋焊接网的概念及发展概况

钢筋焊接网是一种工厂用专门的焊接机焊接成型的网状钢筋制品。纵横向钢筋分别以一定间距相互垂直排列，全部交叉点均用电阻点焊，采用多头电焊机用计算机自动控制生产，焊接前后钢筋的力学性能几乎没有变化。

目前主要采用 CRB550 级冷轧带肋钢筋和 HRB400 级热轧钢筋制作焊接网。焊接网工程应用较多、技术成熟，主要包括钢筋调直切断技术、钢筋网制作配送技术、布网设计与施工安装技术等。采用焊接网可显著提高钢筋工程质量，大量降低现场钢筋安装工时，缩短工期，适当节省钢材，具有较好的综合经济效益，特别适用于大面积混凝土工程。与 20 世纪五六十年代采用冷拔低碳钢丝生产的用于板类构件构造配筋用的焊接网有很大不同，冷轧带肋钢筋由于三面有横肋，易矫直，圆度好，焊点处纵横向钢筋能很好地熔为一体，是当前国内外最主要的焊接网品种。欧洲有些国家也开始生产热轧带肋钢筋焊接网。

在保证延性（例如最大力总伸长率不小于 5％）的前提下，先将热轧带肋钢筋经适当冷拉以提高强度并可减少氧化铁皮，易于焊接及矫直。

（2）钢筋焊接网的技术特点

1）钢筋工程的现场工作量大部分转到专业化工厂进行，有利于提高建筑工业化水平。

2）用于大面积混凝土工程，焊接网比手工绑扎网质量提高很多，不仅钢筋间距正确，而且网片刚度大，混凝土保护层厚度均匀，易于控制，明显提高钢筋工程质量。

3）焊接网的受力筋和分布筋可采用较小直径，有利于防止混凝土表面的裂缝。国外经验，路面配制焊接网可减少龟裂 75％左右。

4）大量降低钢筋安装工作量，比绑扎网少用人工 50％～70％左右，大大提高施工效率。

总之，钢筋焊接网这种新型配筋形式，具有提高工程质量，节省钢材，简化施工、缩短工期等特点，特别适用于大面积混凝土工程，有利于提高建筑工业化水平。

（3）钢筋焊接网的主要技术指标

1）主要技术指标

钢筋焊接网技术指标应符合国家现行标准《钢筋混凝土用钢 第 3 部分：钢筋焊接网》GB/T 1499.3 和《钢筋焊接网混凝土结构技术规程》JGJ 114 的规定。

冷轧带肋钢筋的直径宜采用 5～12mm，强度标准值为 550MPa，热轧带肋钢筋的直径宜采用 6～16mm，屈服强度标准值为 400MPa。

焊接网制作方向的钢筋间距宜为 100、150、200mm，与制作方向垂直的钢筋间距宜为 100～400mm，焊接网的最大长度不宜超过 12m，最大宽度不宜超过 3.3m，焊点抗剪力不应小于试件受拉钢筋规定屈服值的 30％。

2）钢筋焊接网的性能

① 焊接网钢筋的强度

焊接网的钢筋多采用 HRB400、CRB550、CPB550 等牌号钢筋。它们的强度高，延性较好。CRB550、HRB400 为带肋钢筋，具有较高的握裹力。

② 焊接网焊点抗剪性能

焊接网焊点具有一定的抗剪能力，使焊接网具有比普通绑扎更为优异的握裹性能。焊点抗剪力以钢筋握裹力的形式体现，使冷拔光面钢筋焊接网中显示出握裹力性能，使其强度与握裹能力相匹配，从而使冷拔光面钢筋焊接网的构造要求得以简化。

③ 抗裂能力

钢筋混凝土中混凝土应力超过其抗拉强度时，混凝土内部就会出现裂缝，混凝土握裹力有效时，裂缝将以细而密的形式分布于混凝土中；握裹力失效或部分失效时，裂缝将汇集而使某些裂缝扩展，可能达到影响建筑物使用的程度。焊接网焊点可以提供足够的抗剪力，限制混凝土细微裂缝在各焊点间汇集而使混凝土裂缝宽度扩展，从而改善混凝土裂缝的分布及扩展趋势。焊接网钢筋强度较高，可采用较小的直径和较密的间距，构件单位面积上钢筋根数和焊点数增多，更有利于增强混凝土的抗裂性能和限制裂缝扩展宽度。构件抗裂性能的提高和裂缝较均匀分布，其刚度也相应地有所提高。

④ 焊接网的整体性能

钢筋焊接网各焊点将钢筋连成网状整体，使钢筋焊接网混凝土受荷时荷载效应沿纵向和横向扩展，提高其刚度。同时，整片焊接网本身具有一定的刚度和弹性，易于安装、定位，安装后不易受后续工序，如安装预埋件、浇筑混凝土等的影响而松动、位移、变形和弯折，钢筋焊接网的安装质量明显提高。

（4）钢筋焊接网混凝土结构设计与构造要求

1）材料技术要求

① 钢筋焊接网宜采用 CRB550 级冷轧带肋钢筋或 HRB400 级热轧带肋钢筋制作，也可采用 CPB550 级冷拔光圆钢筋制作。每片焊接网宜采用同一类型的钢筋完成。

② 钢筋焊接网可按形状、规格分为定型焊接网和定制焊接网两种。

A. 定型焊接网在两个方向上的钢筋间距和直径可以不同，但在同一个方向上的钢筋应具有相同的直径、间距和长度。

B. 定制焊接网的形状、尺寸应根据设计和施工要求，由供需双方共同决定。

③ 钢筋焊接网的规格宜符合下列规定：

A. 钢筋直径：冷轧带肋钢筋或冷拔光面钢筋为 4～12mm，冷加工钢筋直径在 4～12mm 范围内可采用 0.5mm 进级，受力钢筋宜采用 5～12mm，热轧带肋钢筋宜用 6～16mm。

B. 焊接网长度不宜超过 12m，宽度不宜超过 3.3m。

C. 焊接网制作方向的钢筋间距宜为 100、150、200mm，与制作方向垂直的钢筋间距宜为 100～400mm，且宜为 10mm 的整数倍。焊接网的纵向、横向钢筋可以采用不同类型的钢筋。当双向板底网采用双层配筋时，非受力钢筋的间距不宜大于 1000mm。

D. 钢筋焊接网宜用做钢筋混凝土结构构件的受力主筋、构造钢筋以及预应力混凝土结构中的非预应力钢筋。

2）焊接网的锚固与搭接

带肋钢筋焊接网的锚固长度与钢筋强度、焊点抗剪力、混凝土强度、钢筋外形以及截面单位长度锚固钢筋的配筋量等因素有关。当焊接网在锚固长度内有一根横向钢筋且此横向钢筋至计算截面的距离不小于 50mm 时，由于横向钢筋的锚固作用，使单根带肋钢筋的锚固长度减少 25％ 左右。当锚固区内无横筋时，锚固长度按照单根钢筋锚固长度取值。

焊接网的搭接均是两张网片的所有钢筋在同一搭接处完成，国内外几十年的工程实践证明，这种搭接方式是合适的，施工方便，性能可靠。

为了施工方便，加快铺网速度且当截面厚度也适合时，时常采用叠搭法。此时要求在搭接区内每张网片至少有一根横向钢筋。为了充分发挥搭接区内混凝土的抗剪强度，两网片最外一根横向钢筋的距离不应小于 50mm，两片焊接网钢筋末端（对带肋钢筋）之间的搭接长度不应小于 1.3 倍的最小锚固长度，且不小于 200mm。

当受截面厚度或保护层厚度所限时可采用平搭法，即一张网片的钢筋镶嵌入另一张网片中，使两张网片的受力主筋在同一平面内，构件的有效高度相同，各断面承载力没有突变，当板厚偏小时，平搭法具有一定优势。平搭法只允许搭接区一张网片无横向钢筋，另一张网片在搭接区内必须有横向钢筋，平搭法的搭接长度比叠搭法约增加 30％。

3）板的构造要求

① 板的受力钢筋焊接网不宜在弯矩较大处进行搭接。板深入支座的下部纵向受力钢筋，其间距不应大于 400mm，其截面面积不应小于跨中受力钢筋截面面积的 1/3。

② 对嵌固在承重砖墙内的现浇板，其上部焊接网的钢筋深入支座的长度不宜小于110mm。并在网端应有1根横向钢筋（图 2-1a）或将上部受力钢筋弯折（图 2-1b）。

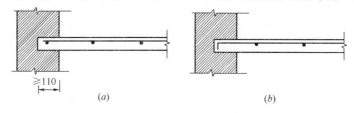

图 2-1　板上部受力钢筋焊接网的锚固

③ 板的焊接网配筋应按板的梁系区格布置，尽量减少搭接。单向板底网的受力主筋不宜设置搭接。双向板长跨方向底网搭接宜布置在梁边 1/3 净跨区段内，满铺网面的搭接宜设置在梁边 1/4 净跨区段以外且面网与底网的搭接宜错开，不宜在同一断面搭接。

4）墙的构造

焊接网可用作钢筋混凝土房屋结构剪力墙中的分布筋，其试用范围应符合下列规定：

① 可用于无抗震设防要求的钢筋混凝土房屋的剪力墙，以及抗震设防烈度6度、7度和8度的丙类混凝土房屋中的框架—剪力墙结构、剪力墙结构、部分框支剪力墙结构和筒体结构中的剪力墙。

② 为方便施工，竖向焊接网的划分可按一楼层为一个单元，在楼面以上采用平法搭接，且下层焊接网在上部搭接区段可不焊接水平钢筋。考虑到采用平接法搭接冷轧带肋钢筋具有更好的粘结锚固性能，因此对于一、二级抗震等级的剪力墙结构，建议优先选用冷轧带肋钢筋焊接网。

③ 当剪力墙结构的分布钢筋采用焊接网时，对一级抗震等级应采用冷轧带肋钢筋焊接网，对二级抗震等级宜采用冷轧带肋钢筋焊接网。

④ 当采用冷拔光圆钢筋焊接网做剪力墙的分布筋时，其竖向分布钢筋未焊水平筋的上端应有垂直于墙面的 90° 直钩，直钩长度为 $5d \sim 10d$（d 为竖向分布钢筋直径），且不应小于 50mm。

⑤ 墙体中的钢筋焊接网在水平方向的搭接可采用平搭法或附加搭接网的扣接法（图2-2）。

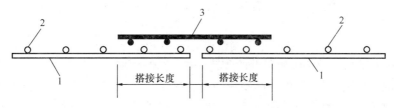

图 2-2　焊接网水平方向采用附加搭接网片的扣接法
1—水平分布钢筋；2—竖向分布钢筋；3—附加搭接网片

（5）钢筋焊接网的施工要点

① 确定各种钢筋焊接网的规格、尺寸和数量的设计要求，结合加工、运输、吊装等设备条件，详细制定各种钢筋焊接网的规格、尺寸和数量，对钢筋焊接网划分，并征得设

计部门的认可。

② 钢筋焊接网的吊装和运输。钢筋焊接网吊装时，吊装重量不宜大于 1t，以防止钢筋焊接网产生过大变形，为加快施工进度，钢筋焊接网装车时应将先使用的放在上面，后使用的放在下面，尽量避免露天堆放，以免锈蚀、变形。运输时应捆扎整齐、牢固，每捆重量不应超过 2t，必要时应加刚性支撑或支架。

③ 进场的钢筋焊接网宜按施工吊装顺序堆放。

④ 施工前根据钢筋网的划分与搭接要求，技术部门详细制定铺设顺序的施工方案。对两端须插入梁内锚固的钢筋焊接网，若钢筋焊接网网片纵向钢筋的直径较小，先把钢筋焊接网中部向上弯曲，使两端能先后插入梁内，然后铺平钢筋焊接网网片。若钢筋焊接网不能弯曲，可把钢筋焊接网的一端减少 1～2 根横向钢筋，先插入该端然后退插另一端，用绑扎方法补回所减少的横向钢筋。

⑤ 钢筋焊接网搭接时，搭接长度不应小于 $25d$（d 为钢筋直径）且不小于 250mm，在搭接处用铁丝绑牢，以保证搭接处的钢筋焊接网在混凝土浇筑过程中不会松开。当板上开洞时，钢筋可在洞口处截断，当洞口尺寸小于 300mm 且截断的钢筋不多于 2 根时，可不另加补强钢筋。当洞口尺寸大于 300mm 或切断的钢筋多于 2 根时，应在洞口两侧加设补强钢筋。补强钢筋的面积按该方向所切断钢筋用等强度换算求得，伸入洞边的锚固长度不应小于 $20d$。

⑥ 异形混凝土板的处理：有些工程除矩形混凝土板，还有扇形和三角形混凝土板，受生产工艺的限制，只能加工生产矩形钢筋焊接网。扇形混凝土板钢筋焊接网的处理关键在配料，在配料时将扇形面划分为若干小条，按此分块尺寸加工网片，现场采用搭接方法将其连接成片即可。对于三角形混凝土板，将钢筋焊接网网片按三角形直角边的边长加工成正方形，运至现场后，沿对角线剪开，正好够两个三角形用。

⑦ 附加钢筋宜在现场进行绑扎，并应符合现行国家标准《混凝土结构工程施工质量验收规范》GB 50204 的有关规定。

⑧ 钢筋焊接网的搭接、构造，应符合构造规定中的有关规定，两张网片搭接时，在搭接区中心及两端应采用钢丝绑扎牢固。在附加钢筋与焊接连接的每个节点处均应采用钢丝绑扎。

⑨ 钢筋焊接网安装时，下部网片应设置与保护层厚度相当的水泥砂浆垫块或塑料卡；板的上部网片应在短向钢筋两端，沿长向钢筋方向每隔 600～900mm 设一钢筋支墩。

⑩ 钢筋焊接网长度和宽度的允许偏差值为 ±25mm，其他安装允许偏差应符合现行国家标准《混凝土结构工程施工质量验收规范》GB 50204 的有关规定。

⑪ 钢筋焊接网铺设完毕后，应检查钢筋焊接网网片铺设的位置是否对号入座和负弯矩钢筋焊接网网片的高度是否准确，垫块和钢筋支架的数量是否足够，位置是否合理。

⑫ 钢筋焊接网的铺设应与电气及水电预埋、预留等工种密切配合，一般步骤为：模板架设→框架梁筋绑扎→铺设底层钢筋焊接网→电气管线预埋→面层钢筋焊接网铺设→水电预留洞→补加强钢筋。

⑬ 由于钢筋焊接网的铺设速度较快，一般在底层钢筋网铺设 1 小时后即可紧跟电气

管线的预埋工作，电气管线预埋大面积完成后，即开始铺设面层钢筋焊接网，等面层钢筋焊接网铺好后，再安装水电预留盒。

⑭ 由于先在板上安设好水电预留盒后，钢筋网不能铺设到位，特别是网眼尺寸小于预留盒尺寸时操作更难，即使水电盒尺寸较小，也会影响钢筋焊接网向梁内插进和退插。所以水电预留盒只能在钢筋焊接网铺好后，切割个别钢筋后埋设。

三、装配式混凝土建筑

(一)概述

运到工地的不再是零散的钢筋、混凝土、木材、保温板,而是一块块的墙板、楼板、楼梯等"零件";工人不再爬上爬下支模板、搭架子,而是在机械的配合下把这些"零件"组装成一栋栋房屋——这就是装配式建筑,这是建筑产业化所带来的效率革命。

装配式建筑具有工业化水平高、便于冬期施工、减少施工现场湿作业量、减少材料消耗、减少工地扬尘和建筑垃圾等优点,它有利于提高建筑质量、提高生产效率、降低成本、实现节能减排和保护环境的目的。装配式建筑在许多国家和地区,如欧洲、新加坡,以及美国、日本、新西兰等处于高烈度地震区的国家都得到了广泛的应用。在我国,近年来由于节能减排要求的提高,以及劳动力价格大幅度上涨,预制混凝土构件的应用开始摆脱低谷,呈现迅速上升的趋势。

2014年10月1日,国家颁布实施了《装配式混凝土结构技术规程》JGJ1—2014,规范中规定:装配式混凝土建筑是指以工厂化生产的混凝土预制构件,通过可靠的连接方式装配而成的混凝土结构,简称装配式建筑(或装配式结构);装配整体式混凝土建筑是指以工厂化生产的混凝土预制构件,通过可靠的连接方式连接并与现场后浇混凝土、水泥基灌浆料形成整体的装配式混凝土结构。

装配式混凝土建筑依据装配化程度高低可分为全装配和部分装配两大类。全装配建筑一般限制为低层或抗震设防要求较低的多层建筑。部分装配混凝土建筑是主要构件采用预制构件,在现场通过现浇混凝土连接,形成装配整体式结构的建筑;依据预制构件承载特点,又可分为以承重的结构构件为主的装配式混凝土剪力墙结构和以自承重预制外墙构件为主的内浇外挂式混凝土建筑。

装配式混凝土建筑有如下特点:

(1)主要构件在工厂或现场预制,采用机械化吊装,可与现场各专业施工同步进行,具有施工速度快、工程建设周期短、利于冬期施工的特点。

(2)构件预制采用定型模板平面施工作业,代替现浇结构立体交叉作业,具有生产效率高、产品质量好、安全环保、有效降低成本等特点。

(3)在预制构件生产环节可采用反打一次成型工艺或立模工艺将保温、装饰、门窗附件等特殊要求的功能高度集成,减少了物料损耗和施工工序。

(4)由于对从业人员的技术管理能力和工程实践经验要求较高,装配式建筑的设计施工应作好前期策划,具体包括工期进度计划、构件标准化深化设计及资源优化配置方案等。

（二）装配式混凝土结构的适用范围

根据《装配式混凝土结构技术规程》JGJ 1—2014 的规定，装配整体式结构房屋的适用范围见表 3-1、表 3-2。

装配整体式结构房屋的最大适用高度（m）　表 3-1

结构类型	非抗震设计	抗震设防烈度			
		6 度	7 度	8 度（0.2g）	8 度（0.3g）
装配整体式框架结构	70	60	50	40	30
装配整体式框架-现浇剪力墙结构	150	130	120	100	80
装配整体式剪力墙结构	140（130）	130（120）	110（100）	90（80）	70（60）
装配整体式部分框支-现浇剪力墙结构	120（110）	110（100）	90（80）	70（60）	40（30）

注：1. 房屋高度指室外地面到主要屋面的高度，不包括局部突出屋面的部分；
　　2. 当预制剪力墙构件底部承担总剪力大于该层总剪力的 80% 时，最大适用高度取括号内数值。

高层装配式整体结构适用的最大高宽比　表 3-2

结构类型	非抗震设计	抗震设防烈度	
		6 度、7 度	8 度
装配整体式框架结构	5	4	3
装配整体式框架-现浇剪力墙结构	6	6	5
装配整体式剪力墙结构	6	6	5

（三）装配式混凝土结构的主要材料

装配式混凝土结构的主要材料包括：混凝土、钢筋和钢材、连接材料以及其他材料等。

1. 混凝土、钢筋和钢材

《装配式混凝土结构技术规程》JGJ 1—2014 规定，装配整体式混凝土结构中所用混凝土、钢筋和钢材的力学性能指标及耐久性要求等应符合现行国家标准《混凝土结构设计规范》GB 50010 和《钢结构设计规范》GB 50017 的规定。

预制构件的混凝土强度等级不宜低于 C30；预应力混凝土预制构件的混凝土强度等级不宜低于 C40，且不应低于 C30；现浇混凝土的强度等级不应低于 C25。

普通钢筋采用套筒灌浆连接和浆锚搭接连接时，钢筋应采用热轧带肋钢筋；钢筋焊接网应符合现行行业标准《钢筋焊接网混凝土结构技术规程》JGJ 114 的规定；预制构件的吊环应采用未经冷加工的 HPB300 级钢筋制作；吊装用内埋式螺母或吊杆的材料应符合国家现行相关标准的规定。

2. 连接材料

装配式混凝土结构常用的连接材料主要有钢筋连接用灌浆套筒和灌浆料。

（1）钢筋连接用灌浆套筒

钢筋连接用灌浆套筒包括全灌浆套筒和半灌浆套筒两种形式。前者两端均采用灌浆方式与钢筋连接，后者一端采用灌浆方式与钢筋连接，而另一端采用非灌浆方式与钢筋连接（通常采用螺纹连接），如图 3-1 所示。钢筋连接用灌浆套筒应符合现行行业标准《钢筋连接用灌浆套筒》JG/T 398 的规定。

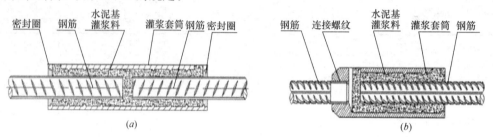

图 3-1　灌浆套筒示意
（*a*）全灌浆套筒；（*b*）半灌浆套筒

（2）灌浆料

灌浆料是以水泥为基本材料，配以适当的细骨料以及混凝土外加剂和其他材料组成的干混料，加水搅拌后具有流动性良好、早强、高强、微膨胀等特点，灌注在连接套筒和带肋钢筋的间隙内。

装配式混凝土结构中应用的其他材料还包括外墙板接缝处的密封材料、保温材料、预埋件、室内和室外装饰材料等，它们都应符合《装配式混凝土结构技术规程》JGJ 1－2014 及相关标准规范的要求。

（四）装配式混凝土结构的基本构件

装配式混凝土结构的构件通常在工厂预制，待强度符合规定要求后运输至现场进行装配施工。基本构件主要包括柱、梁、剪力墙、楼（屋）面板、楼梯、阳台、空调板、女儿墙等。

1. 预制混凝土柱

预制混凝土柱外观多种多样，包括矩形、圆形和工字形等，预制柱的设计应符合现行国家标准《混凝土结构设计规范》GB 50010 的要求，且柱纵向受力钢筋直径不宜小于 20mm，矩形柱截面宽度或圆柱直径不宜小于 400mm，如图 3-2 所示。

2. 预制混凝土梁

预制混凝土梁（图 3-3）可分为实心梁、叠合梁两类。实心梁制作简单，但构件自重较大，多用于厂房和多层建筑中。叠合梁即为在装配整体式结构中分两次浇捣混凝土的梁，第一次在预制场内进行，做成预制梁；第二次在施工现场进行，当预制

图 3-2　预制混凝土柱

楼板搁置在预制梁上之后，再浇捣梁上部的混凝土使楼板和梁连接成整体。叠合梁便于预制柱和叠合楼板连接，整体性较强，应用较广。

3. 预制混凝土剪力墙

预制混凝土剪力墙可分为实心剪力墙和叠合剪力墙。预制混凝土夹心保温剪力墙是实心剪力墙的一种，结构保温一体化，保温隔热层与内外叶之间采用拉结件连接，如图 3-4 所示。

预制叠合剪力墙是指一侧或两侧均为预制混凝土墙板，在另一侧或中间部位现浇混凝土从而形成共同受力的剪力墙结构，它具有制作简单，施工方便等优势，如图 3-5 所示。

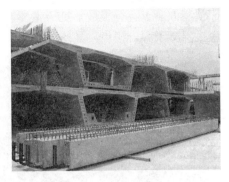

图 3-3　预制混凝土梁

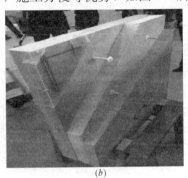

(a)　　　　　　　　　　(b)

图 3-4　预制实心剪力墙

(a) 普通实心剪力墙；(b) 夹心保温剪力墙

4. 预制混凝土楼（屋）面板

预制混凝土楼（屋）面板可分为叠合板（图 3-6）、实心板、空心板（图 3-7）、双 T 板（图 3-8）等几种。

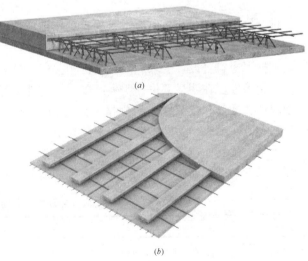

(a)

(b)

图 3-5　预制叠合剪力墙

图 3-6　预制混凝土叠合楼板

(a) 桁架钢筋混凝土叠合板；(b) 带肋底板混凝土叠合楼板

预制混凝土叠合板最常见的主要有两种，一种是桁架钢筋混凝土叠合板，另一种是带肋底板混凝土叠合楼板，如图 3-6 所示。

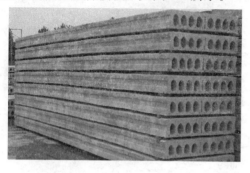

图 3-7　预制混凝土空心板

图 3-8　预制混凝土双 T 板

5. 预制混凝土楼梯

预制混凝土楼梯可以避免在施工现场支模，节约了工期，如图 3-9 所示。

图 3-9　预制混凝土楼梯

（五）混凝土预制构件的检验

预制构件进场，使用方应重点检查结构性能检验、预制构件的粗糙面质量及键槽的数量等是否符合设计要求，并按要求进行进场验收，检查供货方所提供的材料。预制构件的质量、标识应符合设计要求和国家现行相关标准的规定。

预制构件应在明显部位标明生产单位、构件编号、生产日期和质量验收标志。构件上的预埋件、插筋和预留孔洞的规格、位置和数量应符合标准图或设计的要求。产品合格证、产品说明书等相关的质量证明文件齐全，与产品相符。

预制构件的外观质量不应有严重缺陷，且不宜有一般缺陷。对已经出现的一般缺陷，应按技术方案进行处理。预制构件外观质量判定方法应符合表 3-3 的规定。

预制构件外观质量判定方法　　　　　　　　　　　　　　　　　　表 3-3

项目	现象	质量要求	判定方法
露筋	钢筋未被混凝土完全包裹而外露	受力主筋不应有，其他构造钢筋和箍筋允许少量	观察
蜂窝	混凝土表面石子外露	受力主筋部位和支撑点位置不应有，其他部位允许少量	观察

项目	现象	质量要求	判定方法
孔洞	混凝土中孔穴深度和长度超过保护层厚度	不应有	观察
夹渣	混凝土中夹有杂物且深度超过保护层厚度	禁止夹渣	观察
内、外形缺陷	内表面缺棱掉角、表面翘曲、抹面凹凸不平,外表面面砖粘结不牢、位置偏差、面砖嵌缝没有达到横平竖直、转角面砖棱角不直、面砖表面翘曲不平	内表面缺陷基本不允许,要求达到预制构件允许偏差;外表面仅允许极少量缺陷,但禁止面砖粘结不牢、位置偏差、面砖翘曲不平不得超过允许值	观察
内、外表缺陷	内表面麻面、起砂、掉皮、污染,外表面面砖污染、窗框保护纸破坏	允许少量污染,不影响结构使用功能和结构尺寸的缺陷	观察
连接部位缺陷	连接处混凝土缺陷及连接钢筋、拉结件松动	不应有	观察
破损	影响外观	影响结构性能的破损不应有,不影响结构性能和使用功能的破损不宜有	观察
裂缝	裂缝贯穿保护层到达构件内部	影响结构性能的裂缝不应有,不影响结构性能和使用功能的裂缝不宜有	观察

预制构件的允许尺寸偏差及检验方法见表3-4。

预制构件尺寸允许偏差及检验方法   表3-4

项 目			允许偏差(mm)	检验方法
长度	板、梁、柱、桁架	<12m	±5	尺量检查
		≥12m且<18m	±10	
		≥18m	±20	
	墙板		±4	
宽度、高(厚)度	板、梁、柱、桁架截面尺寸		±5	钢尺量一端及中部,取其中偏差绝对值较大处
	墙板的高度、厚度		±3	
表面平整度	板、梁、柱、墙板内表面		5	2m靠尺和塞尺检查
	墙板外表面		3	
侧向弯曲	板、梁、柱		$l/750$且≤20	拉线、钢尺量最大侧向弯曲处
	墙板、桁架		$l/1000$且≤20	
翘曲	板		$l/750$	调平尺在两端量测
	墙板		$l/1000$	
对角线差	板		10	钢尺量两个对角线
	墙板、门窗口		5	
挠度变形	梁、板、桁架设计起拱		±10	拉线、钢尺量最大弯曲处
	梁、板、桁架下垂		0	
预留孔	中心线位置		5	尺量检查
	孔尺寸		±5	
预留洞	中心线位置		10	
	洞口尺寸、深度		±10	
门窗口	中心线位置		5	
	宽度、高度		±3	

续表

项　目		允许偏差（mm）	检验方法
预埋件	预埋件锚板中心线位置	5	尺量检查
	预埋件锚板与混凝土面平面高差	0，－5	
	预埋螺栓中心线位置	2	
	预埋螺栓外露长度	＋10，－5	
	预埋套筒、螺母中心线位置	2	
	预埋套筒、螺母与混凝土面平面高差	0，－5	
	线管、电盒、木砖、吊环在构件平面的中心线位置偏差	20	
	线管、电盒、木砖、吊环与构件表面混凝土高差	0，－10	
预留插筋	中心线位置	3	
	外露长度	＋5，－5	
键槽	中心线位置	5	
	长度、宽度、深度	±5	

注：1. l 为构件最长边的长度（mm）；

2. 检查中心线、螺栓和孔道位置偏差时，应沿纵横两个方向量测，并取其中偏差较大值。

（六）混凝土预制构件的连接

混凝土预制构件的连接主要是指钢筋和混凝土的连接。

1. 钢筋连接

装配整体式结构中，节点及接缝处的纵向钢筋连接宜根据接头受力、施工工艺等要求选用机械连接、套筒灌浆连接、浆锚搭接连接、焊接连接、绑扎搭接连接等方式，并应符合国家现行有关标准的规定。

（1）套筒灌浆连接

套筒灌浆连接主要适用于预制剪力墙、预制柱等构件的纵向钢筋连接，也可用于叠合梁等后浇部位的纵向钢筋连接，如图 3-10 所示。

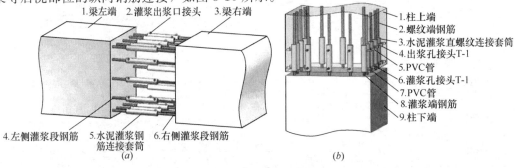

图 3-10　套筒灌浆连接

（a）框架梁；（b）框架柱

纵向钢筋采用套筒灌浆连接时，应符合下列规定：

1）接头应满足现行行业标准《钢筋机械连接技术规程》
JGJ 107 中Ⅰ级接头的性能要求。

2）预制剪力墙中钢筋接头处套筒外侧钢筋的混凝土保护层
厚度不应小于 15mm，预制柱中钢筋接头处套筒外侧箍筋的混凝
土保护层厚度不应小于 20mm。

3）套筒之间的净距不应小于 25mm。

（2）浆锚搭接连接

浆锚搭接连接是在竖向结构上预留孔洞，孔洞内壁留螺纹
状粗糙面，周围配螺旋箍筋，被连接钢筋插入上部构件预留孔
洞内，通过灌浆孔注入灌浆料，直至排气孔溢出停止灌浆，将
两部分连接为一体，如图 3-11 所示。

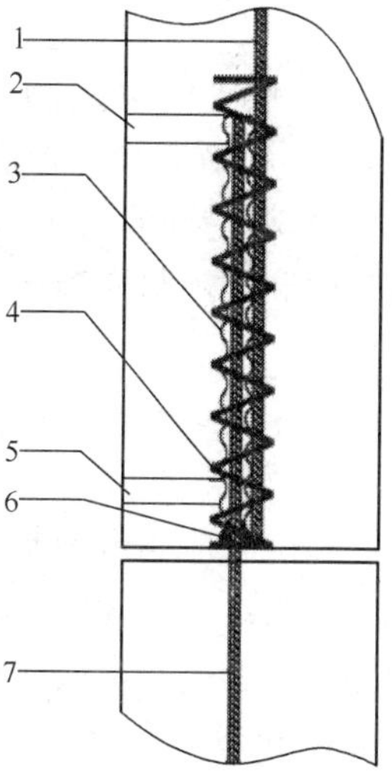

浆锚搭接连接时，要对预留孔成孔工艺、孔道形状和长度、
构造要求、灌浆料和被连接钢筋，进行力学性能以及适用性的
试验验证。其中，直径大于 20mm 的钢筋不宜采用浆锚搭接连
接，直接承受动力荷载构件的纵向钢筋不应采用浆锚搭接连接。

图 3-11　浆锚搭接示意
1—预埋钢筋；2—排气孔；
3—波纹状孔洞；4—螺旋
加强筋；5—灌浆孔；6—弹
性橡胶密封圈；7—被连接钢筋

2. 混凝土连接

混凝土连接主要是指预制构件与后浇混凝土、灌浆料、坐
浆材料的连接。混凝土连接结合面应设置粗糙面、键槽，并应符合下列规定：

1）预制板与后浇混凝土叠合层之间的结合面应设置粗糙面。

2）预制梁与后浇混凝土叠合层之间的结合面应设置粗糙面；预制梁端面应设置键槽，
且宜设置粗糙面。键槽的尺寸和数量应符合相关规范的规定；键槽的深度不宜小于
30mm，宽度不宜小于深度的 3 倍且不宜大于深度的 10 倍；键槽可贯通截面，当不贯通时
槽口距离截面边缘不宜小于 50mm；键槽间距宜等于键槽宽度；键槽端部斜面倾角不宜大
于 30°，如图 3-12 所示。

3）预制剪力墙的顶部和底部与后浇混凝土的结合面应设置粗糙面；侧面与后浇混凝
土的结合面应设置粗糙面，也可设置键槽；键槽深度不宜小于 20mm，宽度不宜小于深度
的 3 倍且不宜大于深度的 10 倍，键槽间距宜等于键槽宽度，键槽端部的斜面倾角不宜大

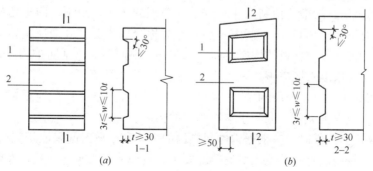

图 3-12　梁端键槽构造示意
（a）键槽贯通截面；（b）键槽不贯通截面
1—键槽；2—梁端面

于 30°。

4）预制柱的底部应设置键槽且宜设置粗糙面，键槽应均匀布置，键槽深度不宜小于 30mm，键槽端部斜面倾角不宜大于 30°。柱顶应设置粗糙面。

5）粗糙面的面积不宜小于结合面的 80%，预制板的粗糙面凹凸深度不应小于 4mm，预制梁端、预制柱端、预制墙端的粗糙面凹凸深度不应小于 6mm。

（七）混凝土预制构件的运输与堆放

施工时应制定预制构件的运输与堆放方案，其内容应包括运输时间、次序、堆放场地、运输线路、固定要求、堆放支垫及成品保护措施等。对于超高、超宽、形状特殊的大型构件的运输与堆放应有专门的质量安全保障措施。

1. 运输

预制构件的运输车辆应满足构件尺寸和载重要求，装卸与运输时应符合下列规定：

1）装卸构件时，应采取保证车体平衡的措施。

2）运输构件时，应采取防止构件移动、倾倒、变形等的固定措施，应采取防止构件损坏的措施。

3）对构件边角部和锁链接触处的混凝土，宜设置保护衬垫。

2. 堆放

构件堆放场地的布置原则如下：

1）堆放场地应平整、坚实，并应有排水措施。

2）堆放场地宜环绕或沿所建（构）筑物纵向布置，其纵向宜与通行道路平行布置，构件布置遵循"先用靠外，后用靠里，分类依次并列放置"的原则。

3）预制构件应按规格型号、出厂日期、使用部位、吊装顺序分类存放，且标识清晰。为便于后期吊运作业，预埋吊环宜向上，标识向外。

4）不同类型构件之间应留有不少于 0.7m 的人行通道，预制构件装卸、吊装工作范围内不应有障碍物，并满足预制构件吊装、运输、作业、周转等工作需求。

5）构件支垫应坚实，垫块在构件下的位置宜与脱模、吊装时的起吊位置一致。

6）预制混凝土构件与刚性搁置点之间应设置柔性垫片，防止损伤成品构件。

7）对于易损伤、污染的预制构件，应采取合理的防潮、防雨、防边角损伤措施。保证构件之间留有不小于 200mm 的间隙，垫木应对称合理放置且表面应覆盖塑料薄膜；外墙门框、窗框和带外装饰材料的构件表面宜采用塑料贴膜或者其他防护措施；钢筋连接套管和预埋螺栓孔应采取封堵措施。

8）重叠堆放构件时，每层构件间的垫块应上下对齐，堆垛层数应根据构件、垫块的承载力确定，并应根据需要采取防止堆垛倾覆的措施。

9）堆放预应力构件时，应根据构件起拱值的大小和堆放时间采取相应措施。

10）构件堆场应满足施工流水段的装配要求，且应满足大型运输构件车辆、汽车起重机的通行、装卸要求。为保证现场施工安全，构件堆场应设围挡，防止无关人员进入。

11）为防止因运输车辆长时间停留影响现场内道路的畅通，阻碍现场其他工序的正常作业施工。装卸点应在塔式起重机或者起重设备的塔臂覆盖范围之内，且不宜设置在道路上。

（1）墙板

墙板宜采用专用支架对称插放或靠放，支架应有足够的承载力，并支垫稳固。预制墙板宜对称靠放、饰面朝外，且与地面倾斜角不宜小于80°，构件与刚性搁置点之间应设置柔性垫片，防止损伤成品构件，如图3-13所示。

图 3-13　墙板堆放

（2）板类构件

板类构件可重叠堆放，堆叠层数及高度应按构件、垫块的强度、地面耐压力以及堆垛的稳定性确定，每层构件间的垫块应上下对齐，构件层与层之间应垫平、垫实，最下面一层支垫应通长设置，吊环向上，标识向外。楼板、阳台板预制构件储存宜平放，采用专用存放架支撑，叠放储存不宜超过6层，如图3-14所示。

图 3-14　板类构件堆放

（3）梁、柱

梁、柱等构件宜水平堆放，吊环朝上，且采用不少于两条垫木支撑，构件底层支垫高度不低于 100mm，且应采取有效的防护措施，如图 3-15 所示。

图 3-15　梁、柱构件堆放

（八）装配式混凝土结构工程施工

装配式混凝土结构施工前应制定施工组织设计、施工方案；施工组织设计的内容应符合现行国家标准《建筑施工组织设计规范》GB/T 50502 的规定；施工方案应结合结构深化设计、构件制作、运输和安装全过程各工况的验算，以及施工吊装与支撑体系的验算等进行制定，内容应包括构件安装及节点施工方案、构件安装的质量管理及安全措施等。

1. 施工现场布置

施工现场要结合装配式建筑施工的特点，合理布置平面，规划好预制构件堆放区域，减少二次搬运，且构件堆放区域宜单独隔离设置，禁止无关人员进入。

（1）道路布置

施工现场宜考虑周边路网情况，设置两个以上大门，大门的高度和宽度应满足大型运输构件车辆通行要求。

施工现场道路应考虑转弯半径和坡度限制，要把仓库、加工厂、构件堆场和施工点贯穿起来，按货运量大小设计双行干道或单行循环道以满足运输和消防要求，主干道宽度不小于 6m。构件堆场端头处应有 12m×12m 车场，消防车道不小于 4m，构件运输车辆转弯半径不宜小于 15m。

（2）机械设备布置

塔式起重机布置时，应充分考虑其塔臂覆盖范围、塔式起重机端部吊装能力、单体预制构件的重量、预制构件的运输、堆放和构件装配施工。

（3）构件堆场布置

装配式混凝土结构施工，构件堆场在施工现场占有较大的面积。应对预制构件进行分类布置，放置场地宜为混凝土硬化地面或经人工处理的自然地坪，满足平整度、地基承载力、龙门吊安全行驶坡度的要求，避免发生由于场地原因造成构件开裂损坏、龙门吊的溜滑事故。存放场地应设置在吊车的有效起重范围内，且场地应有排水措施。

图 3-16 为某工程施工现场平面布置图。

2. 施工流程

施工流程如图 3-17 所示。

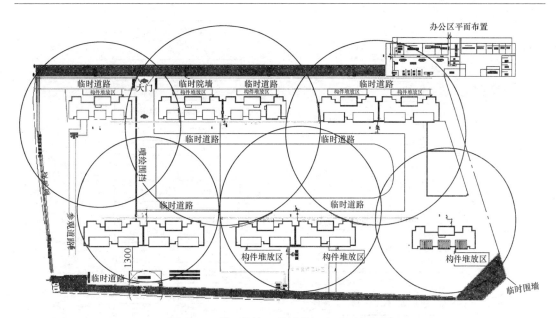

图 3-16　某工程施工现场装卸点平面布置图

3. 安装与连接

预制构件的安装顺序、校准定位及临时固定措施是装配式结构施工的关键。

安装施工前应核实现场环境、天气、道路状况等满足施工要求。核对已施工完成结构的混凝土强度、外观质量、尺寸偏差等符合国家现行标准《混凝土结构工程施工规范》GB 50666 和《装配式混凝土结构技术规程》JGJ 1 的有关规定；核对预制构件的混凝土强度及预制构件和配件的型号、规格、数量等符合设计要求。

预制构件吊装就位前，进行测量放线、设置构件安装定位标识；复核构件装配位置、节点连接构造及临时支撑方案等；检查复核吊装设备及吊具处于安全操作状态，施工中吊装用吊具应根据构件形状、尺寸及重量等参数进行配置，按国家现行有关标准的规定进行设计、验算或试验检验。复杂结构宜选择有代表性的单元进行预制构件试安装，并应根据试安装结果及时调整完善施工方案和施工工艺。

预制构件吊装就位前，应在构件上标明吊装顺序和编号，便于吊装工人辨认。检查套筒、预留孔的规格、位置、数量和深度，检查被连接钢筋的规格、数量、位置和长度。当连接钢筋倾斜时，应进行校直。连接钢筋偏离套筒或空洞中心线不宜超过 5mm。清理套筒、预留孔内杂物，清洁结合面，墙、柱构件底部设置可调整接缝厚度和底部标高的垫块。

预制构件吊装就位时，借助定位标识确定、调整构件位置。就位后，应及时校准并采取临时固定措施。

采用钢筋套筒灌浆连接接头、钢筋浆锚搭接连接接头应按检验批划分要求及时灌浆，灌浆作业应符合国家现行有关标准及施工方案的要求，并应符合下列规定：

1）灌浆施工时，环境温度不低于 5℃；当连接部位养护温度低于 10℃时，应采取加热保温措施。

2）灌浆操作全过程应有专职检验人员负责旁站监督并及时形成施工质量检查记录。

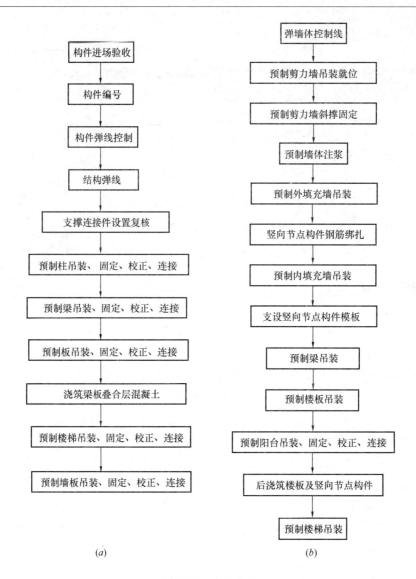

图 3-17　施工流程

(a) 装配整体式框架结构施工流程图；(b) 装配整体式剪力墙结构施工流程图

3）应按产品使用说明书的设计要求计量灌浆料和水的用量，并搅拌均匀；每次拌制的灌浆料拌合物应进行流动度的检测，且其流动度应满足现行行业标准《装配式混凝土结构技术规程》JGJ 1 的要求。

4）灌浆作业应采用压浆法从下口灌注，当浆料从上口流出后应及时封堵，必要时可设分仓进行灌浆。

5）灌浆料拌合物应在制备后 30min 内用完。

钢筋套筒灌浆前，应在现场模拟构件连接接头的灌浆方式，每种规格钢筋制作不少于 3 个套筒灌浆连接接头，进行灌注质量以及接头抗拉强度的检验；经检验合格后，方可进行灌浆作业。

钢筋套筒灌浆连接接头和浆锚搭接接头的施工质量是保证预制构件连接性能的关键控

图 3-18　装配式混凝土结构工程施工

制点，施工人员应经专业培训合格后上岗操作。

　　预制构件连接部位后浇混凝土及灌浆料的强度达到设计要求后，方可拆除临时固定措施。

　　在装配式结构的施工全过程中，应采取防止预制构件及其上的建筑附件、预埋件、预埋吊环等损伤或污染的保护措施。未经设计允许不得对预制构件进行切割、开洞。

四、外墙外保温装饰一体化施工技术

（一）概述

保温装饰板是由装饰面板同保温材料经胶粘等工艺加工复合而成的一种预制板材。保温装饰板外墙外保温系统是指固定于建筑物外墙外侧的保温装饰一体化产品，由保温装饰板、胶粘剂、密封胶、锚固件、填缝材料等组成。外墙外保温装饰一体化施工是将保温装饰板及各种组成材料通过工程现场组合、拼装及施工安装而固定在外墙外表面上的施工过程。一次施工就可完成保温和装饰两个工序，既满足了墙体节能要求，又确保了外墙立面装饰效果。

外墙外保温装饰一体化施工工法具有以下特点：

（1）现场施工工序简便，工程施工质量有保障。由于保温装饰板是集中在工厂加工，在施工现场安装，把传统的现场人为不确定、不可控的因素都集中在工厂采用机械化予以解决，避免了外墙饰面层、保温层的空鼓、开裂、渗漏等质量通病，大大提高了施工质量。

（2）施工工艺简便，工期短，成本低。与传统工艺相比较，该工法将保温和装饰两个施工过程合二为一，现场一次安装即可完成保温和装饰两个工序，从而大大简化了保温层施工工序，缩短了工序间隔的时间，有效缩短了施工工期、降低了施工成本。同时，由于施工质量有保障，可大大降低后期使用阶段维修费用。

（3）绿色环保，节约能耗。该工法的产品是在工厂集中加工生产，简化了现场施工工序，大大降低了现场建筑垃圾的产生，一体化板材的边角余料可回收二次利用，符合绿色环保施工要求。

保温装饰板施工方法根据保温装饰板的类别和工程需求确定。按照保温装饰板与基层墙体的连接方式可划分为以粘结为主的粘锚法和以机械锚固为主的机械锚固法。

（二）材料

保温装饰板按面层材料可分为金属保温装饰板（铝及铝合金板、彩涂钢板、喷塑铝板等）及非金属保温装饰板（陶瓷面板、薄大理石板、薄花岗岩板、陶瓷板、玻纤网水泥平板涂料装饰板、水泥压力板涂料装饰板和硅酸钙板涂料装饰板等），与之复合的保温板包括阻燃型聚苯乙烯泡沫板、阻燃型聚氨酯泡沫板、阻燃型酚醛树脂泡沫板等难燃材料以及不燃的岩（矿）棉板等。无论金属保温装饰板还是非金属保温装饰板，均要求达到防水、抗开裂效果，需满足以下要求：①预制板要做好防水处理，这包括工地现场板材现场切割后的防水处理；②面板不开裂；③板缝不开裂；④吸水率要低。

保温装饰板应采用胶粘剂与基层粘贴，胶粘剂一般采用聚合物砂浆，即用无机和有机胶结材料、砂及其他外加剂配置而成的粘结剂。聚合物砂浆应由专人配制，应严格按照产品使用说明书的要求配置，计量准确，配置好的材料应在规定时间内用完，严禁过时使用。

保温装饰板外墙外保温工程采用的材料在施工过程中应采取防潮、防水、防火等保护措施。材料进入施工现场后，应进行进场验收，并按规定取样复验；各类材料应分类贮存，贮存期及条件应符合产品使用说明书的规定，应防雨、防暴晒、防火，且不宜露天存放，对在露天存放的材料，应采用搭帐篷或防雨帆布遮盖。保温装饰板堆放应平置，场地应平整。砂浆类材料应防潮、防雨且在保质期内使用。

（三）施工机具

外墙外保温装饰一体化施工常用的施工机具包括：垂直运输机械、手推车、电动吊篮或脚手架、外接电源设备、电动搅拌器、开槽器、角磨机、电锤、手锤、称量衡器、密齿手锯、壁纸刀、剪刀、螺丝刀、钢丝刷、腻子刀、抹子、阴阳角抿子、托线板、2m靠尺以及墨斗等。

施工用的各种机具应有专人管理和使用，应定期维护校验。施工单位应根据设备的特点，制定机具的清洁保养计划，以确保施工质量和进度。施工中应采用电动搅拌器进行粘结砂浆的混合调配；应采用台式切割机进行保温装饰板的裁切。弹线及安装施工宜选用脚手架作为支撑保护机具，在无法采用脚手架时可采用吊篮。

（四）施工条件与准备

保温装饰板外墙外保温工程施工前应具备下列条件：

（1）施工前应在现场采用相同材料和工艺制作样板墙或样板件，经有关各方确认后方可进行施工。

（2）基层墙体施工质量验收合格。基层墙体表面质量影响到粘结牢固程度，对保证安全和节能效果很重要，其可粘结性受表面清洁状况、所用材料、施工工艺等影响很大，保温层施工前应进行基层处理，因此墙体基层要按设计和施工方案的要求认真处理，不得有浮灰、空鼓、开裂等现象，其附着力和墙体自身强度应满足设计要求。基层表面处理属于隐蔽工程，施工中容易被忽略，事后无法检查，因此施工过程中应全数检查，验收时则应核查隐蔽工程验收记录。基层的尺寸偏差可参考表 4-1 的要求。

外墙基面的允许尺寸偏差　　　　　　　　　　表 4-1

工程做法	项　目			允许偏差（mm）	
砌体工程	墙面垂直度	每层		5	2m 托线板检查
		全高	≤10m	10	经纬仪或吊线检查
			>10m	20	
	表面平整度			5	2m 直尺和楔形塞尺检查

续表

工程做法	项　　目			允许偏差（mm）
混凝土工程	墙面垂直度	层间	≤5m	8	经纬仪或吊线检查
			>5m	10	
		全高		$H/1000$ 且 ≤30	
	表面平整	2m长度		5	2m直尺和楔形塞尺检查

当基层墙体不满足表 4-1 的要求时，应按照以下方法进行处理：

1）对新建工程，墙面的混凝土残渣和脱模剂必须清理干净，墙面平整度超过允许偏差部分应剔凿或修补。

2）旧房进行外保温施工时应彻底清理不能保证粘结强度的原外墙面层（爆皮、粉化、松动的原外装饰面层，出现裂缝空鼓的抹灰面层），修补缺陷，加固找平。

（3）外门窗洞口应通过验收，洞口尺寸、位置应符合设计要求和质量要求。门窗框或辅框应安装完毕。

（4）伸出墙面的消防梯、落水管、各种进户管线和空调器等的预埋件、连接件应安装完毕，并应考虑保温装饰板厚度对构件的影响，按外墙外保温系统厚度留出间隙。

（5）施工前弹出分格线、门窗洞口控制线和楼层水平线，外墙大角挂垂直基准线。

（6）保温装饰板外墙外保温工程施工期间以及完工后 24h 内，基层及环境空气温度应不低于 5℃。夏季应避免阳光暴晒。在 4 级以上大风天气和雨天不得施工。对粘结为主、锚固为辅的保温装饰板外墙外保温系统，5℃以下的气温会使水泥基粘结砂浆强度增长缓慢，聚合物成膜困难；夏季暴晒会使水泥砂浆找平层和水泥基粘结砂浆失水过快，不利于砂浆养护，导致最终强度降低。5 级以上的大风或雨、雪天气也会对施工造成不利，因而均不得施工。

（五）粘锚法施工工艺

粘锚法是采用建筑胶粘剂和锚固件将保温装饰板牢固地固定在建筑外墙上的一种施工方法，保温装饰板与建筑外墙的连接以胶粘剂粘结为主，以锚固件锚固为辅，其结构形式分为保温装饰板和锚固件一体式（图 4-1）和分体式（图 4-2）两种。

根据工程进度及现场情况，安装外墙外保温板应由下到上施工，进行流水作业。粘锚法施工工艺如图 4-3 所示。

粘锚法主要包括以下施工过程：

（1）基层处理

基层表面处理对保证安全和节能效果很重要，由于基层表面处理属于隐蔽工程，施工中容易被忽略，事后无法检查，因此对基层表面进行处理应按设计和施工方案的要求进行，以满足保温层施工工艺的需要。基层墙体的可粘结性受表面清洁状况、所用材料、施工工艺等影响很大，保温层施工前应进行基层处理，施工过程中应全数检查，验收时则应核查所有隐蔽工程验收记录。

在保温层施工前，应将门窗框、雨水管卡、预埋铁件、设备穿墙管道等提前安装好，并考虑到保温装饰板厚度对构件的影响，预留出保温装饰板的厚度。

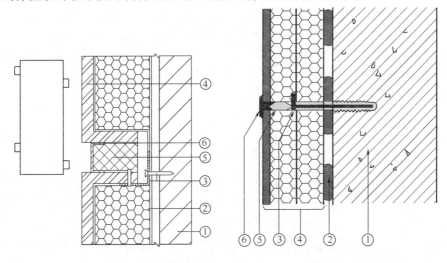

图 4-1 保温装饰板与锚固件一体式
1—基层墙体；2—粘结层；3—锚固件；
4—保温装饰板；5—嵌缝材料；6—嵌缝胶

图 4-2 保温装饰板与锚固件分体式
1—基层墙体；2—粘结层；3—锚固件；4—保温
装饰板；5—嵌缝泡沫材料；6—嵌缝胶

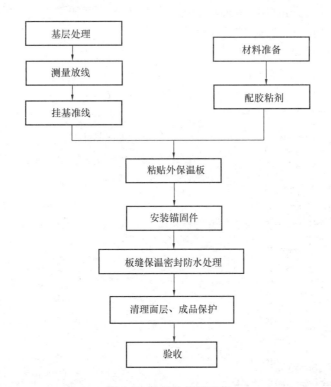

图 4-3 粘锚法施工工艺

基层墙体结构应符合现行国家标准《混凝土结构工程施工质量验收规范》GB 50204 和《砌体结构工程施工质量验收规范》GB 50203 的要求。墙体偏差以及存在凸起、空鼓、疏松和有碍粘贴的污物应剔除，并用砂浆找平。

（2）测量放线

在处理完毕、符合要求的基层墙体上，根据建筑立面设计和外墙外保温技术要求，在墙面弹出外门窗口水平、垂直控制线及膨胀缝线、装饰缝线等。

（3）挂基准线

在建筑外墙大角（阳角、阴角）及其他必要处挂垂直基准线，每个楼层适当位置挂水平线，以控制外保温板的垂直度和平整度。

（4）配制胶粘剂

根据生产厂家使用说明书提供的配合比配制，专人负责，严格计量，机械搅拌，确保搅拌均匀。配好的料注意防晒避风，一次配制量应在可操作时间内用完。

（5）按产品供应商和设计要求的尺寸，在工程进行前应将保温装饰板进行预排列并编号、标记。阴阳角等异型部位可现场裁切或采用预制异型板，在整个墙面的边角处安装板时，应采用大于300mm的板，但板的拼缝不宜留在门窗口的边缝处。保温装饰板的板缝应采用弹性的密封胶处理，施工顺序纵向由下而上，横向施工应是先阳角后阴角。

（6）保温装饰板的粘贴应四边密封，粘结面积率应保证不小于设计和施工方案的要求，不得在板的侧面涂抹胶粘剂。

（7）粘板时应按水平顺序操作，上下应错缝粘贴，阴阳角应错茬处理，粘板应轻柔、均匀挤压保温装饰板，随时用2m靠尺和拖线板检查平整度和垂直度。粘板时注意清除板边溢出的粘结剂，使板与板之间板缝控制在10～15mm。

（8）外门窗口的保温装饰板做法应按设计要求预制特殊尺寸的保温装饰板进行粘贴锚固，上沿线必须做出外斜度流水坡度，下沿线必须做出内斜度滴水坡度，如图4-4所示。

（9）锚固件安装

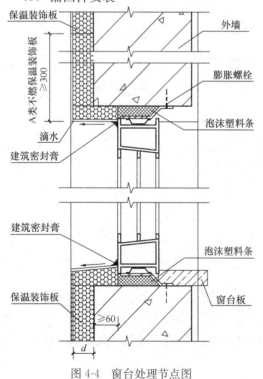

图4-4　窗台处理节点图

锚固件安装应用电锤（冲击钻）打孔，孔径视锚固件插孔直径而定，锚固深度应大于50mm，拧入或敲入锚钉，锚钉头不得超过板面。

（10）增强层做法

在建筑物首层和其他需要加强的部位如女儿墙，应按照防冲撞和防水的设计要求进行处理，应采用抗冲击面层保温装饰板。女儿墙部位要做好外侧、顶端和内侧的保温防水密封工作，与屋面防水工程接口处要处理好，不得渗漏，如图4-5所示。

（11）板缝的处理

在保温装饰板系统中，板缝均需密封处理。在处理板缝时，在缝间填塞泡沫塑料保温棒（PE、PVC等）或聚苯乙烯板片，直径或宽度为缝宽的1.3倍，保温棒填入的厚度与保温装饰板中保温层的厚度相同；缝间也可用聚氨酯泡沫填缝剂填满。

而后采用硅酮或聚硫密封剂进行建筑密封勾填，做面层防水处理，深度为缝宽的 50％左右。对工程中设置的沉降缝处理应按设计要求进行，最后采用金属盖板，并用射钉固定。如图 4-6 所示。

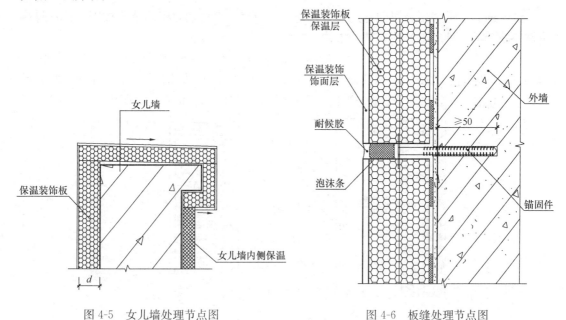

图 4-5　女儿墙处理节点图　　　　　　图 4-6　板缝处理节点图

（12）清理面层，成品保护

保温装饰板施工完成后，后续工序与其他正在进行工序应注意对成品进行保护。同时对板面进行清理、擦拭干净，显露出装饰效果。

（13）质量检查与验收

保温装饰板粘贴的平整度、垂直度应符合要求。每贴完一块，应及时清除挤出的砂浆；板与板之间的缝隙要一致且达到设计要求。保温饰面板安装后，墙面层的尺寸偏差应符合表 4-2 的要求。

保温装饰板安装后面层尺寸偏差　　　　　　　　　　表 4-2

项目		允许偏差（mm）	检查方法
墙面垂直度	墙体高度 H	$H \leqslant 30m$	$\leqslant 5$	经纬仪测量
		$30m < H \leqslant 60m$	$\leqslant 10$	
		$60m < H \leqslant 90m$	$\leqslant 15$	
		$H > 90m$	$\leqslant 20$	
横向顺直度		$\leqslant 5mm/5m$ 或 $\leqslant 3mm/2m$	5m 拉线检查 2m 靠尺
阴阳角方正		$\leqslant 4$	用直角尺检查
墙面平整度		$\leqslant 3$	2m 靠尺检查
相邻两块板高低差		$\leqslant 1.5$	2m 靠尺检查
膨胀缝（装饰缝）平直度		$\leqslant 3$	用 5m 线，不足 5m 用钢直尺检查

（六）机械锚固法施工工艺

机械锚固法是采用金属固定连接件或龙骨以及密封粘结剂将保温装饰板固定并密封在建筑外墙上的一种施工方法，其基本构造如图4-7所示。

相对于干挂幕墙和石材，保温装饰板每平方米的重量是比较轻的，最大不超过20kg/m²，一般在10kg/m²～15kg/m²。目前工程上常用的机械锚固法分为自搭扣式和机械紧固法两种，如图4-8、图4-9所示。机械锚固法施工工艺如图4-10所示。

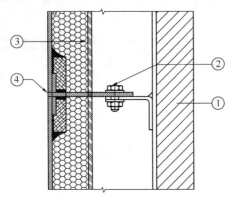

图4-7　机械锚固系统基本构造

1—基层墙体；2—锚固件（镀锌螺栓、
L形镀锌角钢、T形不锈钢挂件）；
3—保温装饰板；4—嵌缝胶

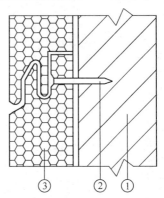

图4-8　自搭扣式构造

1—基层墙体；2—锚固件；
3—保温装饰板

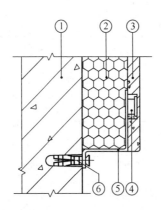

图4-9　机械紧固式构造

1—基层墙体；2—保温层；3—装饰层；4—连接件；
5—锚固连接件1；6—锚固连接件2

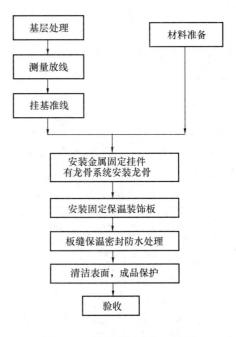

图4-10　机械锚固法施工示意

粘锚法主要包括以下施工过程：

（1）基层处理

基层墙体经过工程验收达到质量标准的，即可进行外墙外保温施工；达不到要求的，应进行处理，处理方法有机械法处理、化学处理和火焰灼烧处理，后两种方法主要用于墙面油污等污垢处理。

对既有建筑墙体进行保温改造时，需对外墙原有饰面进行检查，空鼓处要彻底清除，开裂处应认真修补。

（2）锚固件试验

基层墙体上应进行机械锚固件的现场拉拔试验，进而根据设计要求确定所用锚固件的数量。当机械锚固件在基层墙体上的拉拔力不符合规范要求时，也应进行加强处理。

（3）测量放线

根据建筑立面设计和本规程的技术要求，在墙面弹出外门窗水平、垂直控制线及膨胀缝线、装饰缝线、后置预埋件控制线和墙面保温装饰板位置线等，在门窗洞口上方要标出防火隔离带位置线。在建筑外墙大角（阳角/阴角）及其他必要处挂垂直基准线，每个楼层适当位置挂水平线，以控制外保温板的垂直度和平整度。

（4）绘排板图、出备料单

根据测量数据绘制建筑外立面草图并确定优化排板分格方案，分格方案要做到省材、美观、安全。根据实际弹线情况，结合设计排板图，出具相对应每块板的实际尺寸和详细构造图清单。

（5）安装挂件、龙骨

安装金属固定挂件按照墙面竖向和水平分格控制线，将金属固定预埋挂件按照设计和产品说明书的要求安装于墙面相应位置，安装时采用电锤（冲击钻）在安装点上钻孔，然后用膨胀螺栓将金属固定挂件牢固锚定在墙体上。膨胀螺栓每平方米不少于5个，高度20m以上不少于7个。

龙骨按照墙面上纵横向位置线进行安装，安装时应用电锤（冲击钻）在安装点上钻孔，然后用膨胀螺栓将龙骨固定，锚固深度不小于50mm，保证安装牢固。

将保温装饰板按照设计和产品说明书的预先编号要求进行安装。若系统采用专用金属挂件固定时，则按照相应系统的安装方式进行固定；若系统采用膨胀螺栓固定时，应用电锤（冲击钻）在相应位置钻孔，然后用膨胀螺栓固定。

（6）安装保温装饰板

保温装饰板安装时，左右、上下的偏差不应大于1.5mm；安装时应注意板面的垂直度、平整度及纵横缝的平直度。安装时应注意对整体墙面的保温密封，视不同类型的板材，可采用特制的保温装饰板和密封剂对墙面四周进行处理。安装小规格板时，宜在板背面、边框四周涂抹胶粘剂，胶粘面积在15%～20%。抹胶粘剂的目的除了增加板与基层的粘结强度外，还隔断了板与基层墙体之间的空腔，起到防风和增加保温效果的作用。

外门窗洞口的保温装饰板做法应按设计要求预制特殊尺寸的保温装饰板进行锚固安装，上沿线必须做出外斜度流水坡度，下沿线必须做出内斜度滴水坡度。

（7）板缝处理

板缝处理可以填勾缝密封胶或勾缝腻子勾缝，嵌缝时先用保温泡沫材料填缝，再用填缝剂塞填，然后用建筑耐候硅酮密封胶或嵌缝腻子勾缝。建筑耐候密封胶或嵌缝腻子最薄处不应小于 3mm 厚，胶缝应勾成饱满、密实、连续、均匀、无气泡的凹形沟槽。

（8）清洁表面，成品保护

密封胶或勾缝腻子干燥后掀掉保护膜，检查板面平整、垂直和阴阳角方正。对不符合要求的，及时更换。同时，对板面进行清洗，对成品要进行保护，尤其在后续其他作业时注意不要污损、碰撞板面。

（七）施工管理

保温装饰板外墙外保温工程应按照审查合格的设计文件和经审查批准的施工方案施工，在施工过程中不得随意更改墙体节能设计，如确需变更时应有设计变更文件，并经原施工图设计审查机构审查通过，且获得监理和建设单位的确认。

保温装饰板外墙外保温工程的施工应编制专项施工方案，并组织施工人员进行培训和技术交底。施工队伍必须具有外墙外保温工程施工资质。

应先在现场采用与工程相同的材料和工艺做样板墙，经建设、设计、施工、监理各方面确认后，方可进行大面积施工。

保温装饰板外墙外保温工程施工现场应按有关规定，采取可靠的防火安全措施，实现安全文明施工。

保温装饰板外墙外保温工程施工各道工序之间应进行交接检验，上道工序合格后方可进行下道工序，并做隐蔽工程记录，必要时应保留影像资料。

保温装饰板外墙外保温工程采用的材料在施工过程中应采取防潮、防水、防火等保护措施。材料进入施工现场后，应在监理工程师监督下进场验收，并按规定取样复验；各种材料应分类贮存，贮存期及条件应符合产品使用说明书的规定，应防雨、防暴晒、防火，且不易露天存放，对在露天存放的材料，应用苫布覆盖。

保温装饰板外墙外保温工程完工后应做好成品保护。

五、绿色施工

(一) 概述

1. 绿色施工的概念与实质

绿色施工是指在保证质量、安全等基本要求的前提下,通过科学管理和技术进步,最大限度地节约资源,减少对环境负面影响,实现"四节一环保",即节能、节材、节水、节地和环境保护的建筑工程施工活动。

绿色施工是以资源的高效利用为核心,以环保优先为原则,追求高效、低耗、环保,统筹兼顾,实现工程质量、安全、文明、效益、环保综合效益最大化,是具有可持续发展思想的施工方法。具体地说,就是在施工过程中,实现最大限度地节能、节地、节材、节水,减少对环境的影响,在人、料、机、法、环(4M1E)等方面都实行全方位的操控和优化。

绿色施工与传统施工相比,有很大的区别。传统施工以满足工程本身指标为目的,往往以工程质量、工期为根本目标,在节约资源和环境保护方面考虑较少,当其他要素与质量、工期等指标发生冲突时,采取牺牲其他要素的方法来确保质量和工期,这样做的后果常常是工程本身的质量、工期达到了要求,但工程施工中对环境产生了很大的影响,也浪费了大量的不可再生资源,更甚者,工程竣工后很长时间后遗症尚在,无法达到建筑与自然和谐之目的。

绿色施工以可持续发展为指导思想,其实现途径是绿色施工技术的应用和绿色施工管理的升华;绿色施工是追求尽可能减少资源消耗和保护环境的工程建设生产活动,这是绿色施工区别于传统施工的根本特征;绿色施工强调的重点是使施工作业对现场及周边环境的负面影响最小,污染物和废弃物排放(如扬尘、噪声等)最小,对有限资源的保护和利用最有效,是实现建筑施工行业升级和更新换代的更优方法与模式。

2. 施工组织与管理

绿色施工的实施主体是施工单位,因此一般应在投标报价中体现绿色施工内容。施工活动是一种经济技术活动,只有经过全面策划、系统运作,绿色施工推进才有保障。

绿色施工措施应突出强调以下主要内容:① 明确和细化绿色施工目标,并将目标量化表达,如材料的节约比例、能耗降低比例等。② 在工程施工过程中突出绿色施工控制要点。③ 明确实现绿色施工专项技术与管理内容具体保障措施,并应完整体现环境保护、节材、节水、节能、节地等专项内容的具体措施。

施工单位应组织绿色施工的全面实施。实行总承包管理的建设工程,总承包单位应对绿色施工负总责。总承包单位应对专业承包单位的绿色施工实施管理,专业承包单位应对工程承包范围的绿色施工负责。施工项目部应建立以项目经理为第一责任人的绿色施工管理体系，制定绿色施工管理制度，负责绿色施工的组织实施，进行绿色施工教育培训，定期开展自检、联检和评价工作。

参建各方应积极推进建筑工业化和信息化施工。建筑工业化宜重点推进结构构件预制化和建筑配件整体装配化。

施工现场的生产、生活、办公区域及主要施工机械和耗能大的设备应分别进行耗能和耗水计量。施工现场应建立机械保养、限额领料、建筑垃圾再利用的台账和清单。工程材料和设备的存放、运输应制定保护措施。

施工单位应开展绿色施工技术和管理的创新研究，积极推广应用"建筑业十项新技术"及"四新"技术。施工单位应建立落后施工工艺、方案、设备、材料的限制、淘汰等管理制度，并予以实施。

施工项目部应会同建设及监理单位定期对施工现场绿色施工实施情况进行检查，做好评价工作，并根据绿色施工实施情况采取改进措施。施工项目部应按照国家法律、法规的有关要求，做好职工的劳动保护工作，制定施工现场环境保护和人员安全等突发事件的应急预案。

3. 施工准备

施工单位应根据设计资料、场地条件、周边环境和绿色施工总体要求，完成绿色施工整体策划工作。图纸会审时，施工单位应结合绿色施工策划和实施要求，提出需设计单位配合的建议和意见。推进绿色施工的项目，除应结合工程特点编制施工组织设计和施工方案外，还应编制绿色施工专项方案，其中应明确绿色施工的内容、指标、方法和措施。也可编制绿色施工组织设计和绿色施工方案。在正式工程开工前，工程项目部应按照施工组织设计完成绿色施工临时设施的施工。

施工单位宜建立建筑材料和施工机械、机具数据库。建筑材料选购应进行绿色性能辨识，采用绿色性能相对优良的材料。应根据现场和周边环境情况，对施工机械和机具进行节能、减排和降耗指标分析和比较，采用高性能、低噪声和低能耗的机械。

在绿色施工评价前，依据工程项目环境影响因素分析情况，应对绿色施工评价要素中一般项和优选项的条目数进行相应调整，并经建设、监理方确认后，作为绿色施工的相应评价依据。

4. 施工场地

施工场地的布置应遵循以下原则：在施工总平面设计时，应对施工场地、环境条件进行分析，针对不利影响制定相应保护措施。施工总平面布置应充分利用场地及周边现有和拟建建筑物、构筑物、道路和管线等。施工前应制定合理的场地使用计划；施工中应减少场地干扰，保护环境。施工现场临时设施的占地面积可按最低面积指标设计，合理有效使用临时设施用地。塔吊等垂直运输设施基座宜采用可重复利用的装配式基座或利用在建工程的结构。

施工现场平面布置应符合下列原则：在满足施工需要前提下，应减少施工用地，施工现场布置紧凑合理；应合理布置起重机械和各项施工设施，统筹规划施工道路；应合理划分施工分区和流水段，减少专业工种之间交叉作业；施工现场平面布置应综合考虑施工各阶段的特点和要求，实行动态管理；施工现场生产区、办公区和生活区应实现相对隔离；施工现场应针对不同的污、废水特点，设置沉淀池、隔油池、化粪池等处理装置；施工现场作业棚、库房、材料堆场等布置宜靠近交通线路；施工现场的强噪声设备宜远离噪声敏感区。施工现场应设置明显的绿色施工标识。

场区围护及道路布置应符合下列原则：施工现场大门、围挡和围墙宜采用可重复利用的材料和部件，并应工具化、标准化；施工现场入口应设置绿色施工制度图牌，内容应涵盖"四节一环保"；施工现场道路应按照永久道路和临时道路相结合的原则合理布置；施工现场主要道路的硬化处理宜采用可周转使用的材料和构件；施工现场围墙、大门和施工道路周边宜设绿化隔离带。

施工现场临时设施的设计、布置和使用，应采取有效的节能降耗措施，并符合下列规定：应利用场地自然条件，临时建筑的体形宜规整，应有自然通风和采光，并应满足节能要求。临时设施宜选用由高效保温、隔热、防火材料制成的复合墙体和屋面，以及密封保温隔热性能好的门窗。临时设施建设不宜使用一次性墙体材料。办公和生活临时用房应采用可重复利用的房屋。严寒和寒冷地区外门应采取防寒措施。夏热冬暖和夏热冬冷地区的外窗宜设置外遮阳。

（二）"四节一环保"基本措施

1. 节能与清洁能源利用措施

施工节能就是指在建筑施工过程中，通过合理的使用、控制施工机械设备、机具、照明设备等，减少施工活动对电、油等能源的消耗，提高能源利用效率。建筑施工过程中的节能与能源利用措施主要有：

（1）优先使用国家、行业推荐的节能、高效、环保的施工设备和机具，如选用变频技术的节能施工设备等。

（2）强化对施工环境中空调、采暖、照明等耗能设备的使用与管理。如规定合理的温、湿度标准和使用时间，提高空调和采暖装置的运行效率，室外照明宜采用高强度气体放电灯等。

（3）合理安排工序，提高各种机械的使用率和满载率。

（4）实行用电计量管理，严格控制施工阶段的用电量。必须装设电表，生活区与施工区应分别计量，用电电源处应设置明显的节约用电标识，同时，施工现场应建立照明运行维护和管理制度，及时收集用电资料，建立用电节电统计台账，提高节电率。施工现场分别设定生产、生活、办公和施工设备的用电控制指标，定期进行计量、核算、对比分析，并有预防与纠正措施。

（5）建立施工机械设备管理制度，开展用电、用油计量，完善设备档案，及时做好维修保养工作，使机械设备保持低耗、高效的状态。

选择功率与负载相匹配的施工机械设备，避免大功率施工机械设备低负载长时间运行。机电安装可采用节电型机械设备，如逆变式电焊机和能耗低、效率高的手持电动工具等，以利节电。机械设备宜使用节能型油料添加剂，在可能的情况下，考虑回收利用，节约油量。

（6）加强用电管理，做到人走灯灭。宿舍区根据时间进行拉闸限电，在确保参建人员休息、生活所用电源外，尽可能减少不必要的消耗。办公区严禁长明灯，空调、电暖器在临走前要关闭，使用时实行分段分时使用，节约用电。

（7）充分利用太阳能或地热，现场淋浴可设置太阳能淋浴或地热，减少用电量。

2. 节材与材料资源保护措施

（1）绿色建材的使用

绿色建材是指采用清洁生产技术、少用天然资源和能源、大量使用工业或城市固态废物生产的无毒害、无污染、无放射性、有利于环境保护和人体健康的建筑材料。它具有消磁、消声、调光、调温、隔热、防火、抗静电的性能，并具有调节人体机能的特种新型功能建筑材料。在国外，绿色建材早已在建筑、装饰施工中广泛应用，在国内它只作为一个概念刚开始为大众所认识。

绿色建材的基本特征包括：①其生产所用原料尽可能少用天然资源，大量使用尾渣、垃圾、废液等废弃物。②采用低能耗制造工艺和无污染环境的生产技术。③在产品配制或生产过程中不得使用甲醛、卤化物溶剂或芳香族碳氢化合物，产品中不得含有汞及其化合物的颜料和添加剂。④产品的设计是以改善生产环境、提高生活质量为宗旨，即产品不仅不损害人体健康，而应有益于人体健康，产品具有多功能化，如抗菌、灭菌、防霉、除臭、隔热、阻燃、调温、调湿、消磁、防射线、抗静电等。⑤产品可循环或回收利用，无污染环境的废弃物。总之，绿色建材是一种无污染、不会对人体造成伤害的建筑材料。

施工单位要按照国家、行业或地方对绿色建材的法律、法规和评价方法来选择建筑材料，以确保建筑材料的质量。即选用物化能耗低、高性能高耐久性的建筑材料，选用可降解、对环境污染小的建材，选用可循环利用、可回收利用和可再生的建材，选择利用废弃物生产的建材，尽量选择运输距离小的建材，降低运输能耗。

（2）节材措施

节材措施主要是根据循环经济和精益施工思想来组织施工活动，也就是按照减少资源浪费的思想，坚持资源减量化、无害化、再循环、再利用的原则精心组织施工。在施工中，应根据地质、气候、居民生活习惯等提出各种优化方案，在保证建筑物各部分使用功能的情况下，尽量采用工程量较小、速度快、对原地表地貌破坏较小、施工简易的施工方案，尽量选用能够就地取材、环保低廉、寿命较长的材料。

施工中，要准确提供出用材计划，并根据施工进度确定进场时间。按计划分批进场材料，现场所进的各种材料总量如无特殊情况不能超过材料计划量。加强施工现场的管理，杜绝施工过程中的浪费，减小材料损耗率。还要控制好主要耗材施工阶段的材料消耗，控制好周转性材料的使用和处理。

绿色施工策划中制定节材措施，要以突出主要材料的节约和有效利用为原则。如在主体结构施工中，可以采取以下措施控制钢筋消耗量：①钢筋下料前，绘制详细的下料清单，清单内除标明钢筋长度、支数等外，还需要将同直径钢筋的下料长度在不同构件中比较，在保证质量、满足规范及图集要求的前提下，将某种构件钢筋下料后的边角料用到其他构件中，避免过多废料出现。②根据钢筋计算下料的长度情况，合理选用12m钢筋，减小钢筋配料的损耗；钢筋直径≥16mm的应采用机械连接，避免钢筋绑扎搭接而额外多用材料。③将$\phi6$、$\phi8$、$\phi10$、$\phi12$钢筋边角料中长度大于850mm的筛选出来，单独存放，用于填充墙拉结筋、构造柱纵筋及箍筋、过梁钢筋等，变废为宝，以减小损耗。④加强质量控制，所有料单必须经审核后方能使用，避免错误下料；现场绑扎时严格按照设计要求，加强过程巡查，发现有误立即整改，避免返工费料。

3. 节水与水资源保护措施

水资源是影响我国可持续发展的关键资源。据调查，建筑施工用水的成本约占整个建筑成本的 0.2%，因此在施工过程中减少水资源浪费能够有效提升项目的经济和环境效益。

建筑施工过程的节水与水资源保护措施主要有：①采用基坑施工封闭降水措施。②合理规划施工现场及生活办公区临时用水布置。③实行用水计量管理，严格控制施工阶段的用水量。④提高施工现场水源循环利用效率。⑤施工现场生产实施施工工艺节水措施，生活用水使用节水型器具。⑥加强施工现场用水安全管理，不污染地下水资源。

4. 节地与施工用地保护措施

土地资源短缺问题越来越引起世人关注，我国土地资源紧缺的压力尤为突出。在建筑施工过程中强化节地与用地保护已经势在必行，其主要措施有：①施工现场的临时设施建设禁止使用黏土砖。②土方开挖施工采取先进的技术措施，减少土方的开挖量，最大限度地减少对土地的扰动。③加强施工总平面合理布置。施工现场搅拌站、仓库、加工厂、作业棚、材料堆场等布置尽量靠近已有交通线路或即将修建的正式或临时交通线路，考虑最大限度地缩短运输距离。材料堆放必须按照总平面图规划的位置按品种、规格堆放整齐，并设置标识牌。④最大限度减少现场临时用地，避免对土地的人为扰动。施工现场道路按照永久道路和临时道路相结合的原则布置。施工现场内形成环形道路，减少道路占用土地。

5. 环境保护措施

工程施工过程会对场地和周围环境造成影响，其主要影响类型有：植被破坏及水土流失，对水环境的影响，施工噪声的影响，施工扬尘和粉尘，机械车辆排放的有害气体和固体废弃物排放等。施工过程对环境的其他影响还包括泥浆污染、破坏物种多样性等多种影响。因此，绿色施工策划就需要针对各种环境污染制定施工各阶段的专项环境保护措施。

（1）扬尘控制措施

在主体结构施工、安装及装饰装修阶段，可以采取如下的扬尘控制措施：①作业区目测扬尘高度小于 0.5m；②主体及装修阶段对存放在现场的砂、石等易产生扬尘的材料设专用场区堆放，密目网覆盖，对水泥等材料在现场设置仓库存放并加以覆盖。水泥、砂石等可能引起扬尘的材料及建筑垃圾清运时应洒水并及时清扫现场。③混凝土泵、砂浆搅拌机等设备搭设机篷。④浇筑混凝土前清理模板内灰尘及垃圾时，每栋楼配备一台吸尘器，不能用吹风机吹扫木屑。楼层结构内清理时，严禁从窗口向外抛扔垃圾，所有建筑垃圾用袋子装好，再整袋运送下楼至指定地点。装饰装修阶段楼内建筑垃圾清运时用袋子装运，严禁从楼内直接将建筑垃圾抛撒到楼外。⑤外墙脚手架、施工电梯等设备材料拆除前，将脚手板、电梯通道处的垃圾清扫干净，并用水湿润各层脚手板、密目网、安全网，防止在拆卸过程中残留的建筑垃圾、粉尘坠落并扩散。⑥外墙脚手架密目网密封严密，特别是密目接缝处不得留有明显空隙；施工通道每周洒水清理。⑦安装作业时，对需要切割埋线管的砌体墙，在施工前先要洒水润湿表面，再用切割机切缝，避免室内扬尘。

（2）噪声控制措施

桩基施工、混凝土的浇捣过程、钢结构安装、汽车发动机以及挖掘机的声音是工程的主要噪声源。合理安排施工时间，实行封闭施工，采用低噪声的机械设备，以及适当的隔声设施是工程降低噪声影响的手段。

原则上有噪声的施工安排在白天进行；经常检查机械设备的完好性，派专人点检、润滑、维护保养设备，不使用超期、老化设备，安全防护脚手架超高搭设至楼层操作层面上3m，架体立面满挂密目网和竹笆片，使操作楼层面上产生的噪声能得到部分吸收或隔断、反射，减少噪声向外围扩散。具体到不同的作业过程，其噪声控制措施如下：①桩基施工噪声大，严格控制作业时间，冲孔桩机安排在白天施工。②采用低噪声混凝土振动棒，不振动模板和钢筋，做到快插慢拔。③设置作业工棚，钢筋、钢管加工实行封闭作业，并把作业工棚设在远离人群密集区域的场地。④钢结构在场外加工成型后再运入现场安装。⑤把巨幅广告牌设置于施工场地周围，反射或隔断部分噪声。⑥现场所有的机械设备派专人维护、润滑、点检，减少设备噪声。⑦搬运钢筋、模板、设备构件时做到轻拿轻放，禁止抛掷。⑧基坑内支撑系统拆除时采用静态爆破。

（3）光污染控制

光污染源有电焊眩光、夜间照明、材料反光等。控制措施如下：①电焊处用木板围挡；②脚手架高出楼面3m；③装在高处的夜间照明灯采用俯角照射；④进场的玻璃等高反光材料用塑料布遮盖。

（4）有害气体的控制

烧热水采用电热水器；食堂的厨房设备使用液化气作燃料；现场不焚烧木料、塑料布、纸板等可燃性物质；生活垃圾实行袋装化，用密闭式垃圾容器运输至场外。

（三）地基基础工程绿色施工

1. 一般规定

地基与基础工程施工时，应识别场地内及相邻周边现有的自然、文化和建（构）筑物特征并采取相应措施加以保护。应对施工场地、环境条件进行分析，内容包括：施工现场的作业时间和作业空间、具有的能源和设施、自然环境、社会环境、工程施工所选的料具性能等。场内发现文物时，应立即停止施工，派专人看管，并通知当地文物主管部门。

在选择施工方法、施工机械，安排施工顺序，布置施工场地时，应充分考虑气候特征。同时，应符合下列要求：现场土、料存放应采取加盖或植被覆盖措施；土方、渣土运输车应有防止遗洒和扬尘的措施；对施工过程产生的泥浆应设置专门的泥浆池或泥浆罐车储存；桩基施工宜选用低噪、环保、节能、高效的机械设备和工艺。

2. 基坑与土石方工程

土石方工程开挖应按绿色施工要求进行分析，制定合理的土方处理方案。宜采用逆作法或半逆作法进行施工。余土应分类堆放和运输。开挖前应进行挖、填方的平衡计算，应综合考虑土石方场内有效利用、最短运距和工序衔接；弃土应调配使用、就近消纳。

在受污染的场地进行施工时，应对土质进行专项检测和治理。土石方爆破施工前，应进行爆破方案的编制和评审；应采用防尘和飞石控制措施。4级以上大风天气，不宜进行土石方爆破施工作业。

3. 桩基工程

工程施工中成桩工艺应根据工程设计并结合当地实际情况进行选择；宜优先选择机械成孔灌注桩或预制桩。在城区施工混凝土预制桩和钢桩时，宜采用静压沉桩工艺工程桩。桩基工程施工结束后，桩顶剔除的部分应加以利用。

混凝土灌注桩施工应符合下列规定：泥浆护壁机械成孔施工灌注桩时，应采取防止泥浆外溢的措施；施工现场应设置专用泥浆池，并及时清理沉淀的废渣；工程桩不宜采用人工挖孔成桩。特殊情况采用时，应采取护壁、通风和防坠落措施。

在桩穿越土层分层起伏较大、软硬不均时，若采用统一的桩长必然带来接桩的风险或截桩的极大浪费，桩基施工中可根据地质勘察报告和相邻桩的深度确定每根桩的最可能压入深度，合理配置桩长，减少不必要的浪费。

4. 地基处理工程

换填法施工应符合下列规定：回填土施工应采取防止扬尘的措施，避免大风天气作业。施工间歇时，应对回填土进行覆盖；当采用砂石料作为回填材料时，宜采用振动碾压；灰土过筛施工应采取避风措施；开挖原土的土质不适宜回填时，应采取土质改良措施后加以利用，具有膨胀性土质地区的土方回填，可在膨胀土中掺入石灰、水泥或其他固化材料，令其满足回填土土质要求，从而减少土方外运，保护土地资源。

强夯法施工不宜在市区或人口密集地区使用；高压喷射注浆法施工的浆液应有专用容器存放，置换出的废浆应及时收集清理；采用砂石回填时，砂石填充料应保持湿润，并及时清理；基坑支护结构采用锚杆（锚索）时，宜优先采用可拆式锚杆；喷射混凝土施工宜采用湿喷或水泥裹砂喷射工艺，并采取防尘措施。锚喷作业区的粉尘浓度不应大于 $10mg/m^3$。

5. 基坑工程地下水控制

基坑降水宜采用基坑封闭降水方法。施工降水应遵循保护优先、合理抽取、抽水有偿、综合利用的原则，宜采用连续墙、"护坡桩＋桩间旋喷桩"，型钢水泥土挡墙等全封闭帷幕隔水施工方法，隔断地下水进入基坑施工区域。

基坑施工排出的地下水应加以利用。基坑施工排出的地下水可用于冲洗、降尘、绿化、养护混凝土等。采用井点降水施工时，应根据施工进度进行水位自动控制。轻型井点降水应根据土层渗透系数，合理确定降水深度、井点间距和井点管长度；管井降水应在合理位置设置自动水位控制装置；在满足施工需要的前提下，尽量减少地下水抽取。

当无法采用基坑封闭降水且基坑抽水对周围环境可能造成不良影响时，应采用地下水回灌措施，并应采取地下水防污染措施。不同地区应根据建设行政主管部门的规定执行。鼓励采取措施避免工程施工降水，保护地下水资源。

6. 深基坑内支撑拆除绿色施工措施

目前，深大基坑、采用多道钢筋混凝土内支撑的工程越来越多，应根据工程特点选择合理的拆除技术。为了降低噪声和粉尘污染，可采用静态破碎施工工艺和线切割施工工艺相结合。静态破碎采用人工造孔（预留孔），在静态破碎剂的作用下使混凝土胀裂、产生裂缝，再使用冲击锤或风镐解体、破除，从而达到拆除的目的。静态破碎技术的破碎过程是低压和慢加载的，静态破碎剂是一种非爆炸性的无公害破碎剂，属于非燃、非爆、无毒物品，在破碎过程中无振动、无飞石、无噪声、无毒、无污染。静态破碎剂不属于危险品，无公害，可按普通货物进行运输和储存，在购买、运输和保管中无任何限制。

线切割施工采用金刚石绳锯，对准切割线部位并不断重复切割，直至切透。切割施工完毕后，放置在满堂架上的支撑梁采用静爆方式破碎。线切割施工可以将内支撑整体分割成若干段，使施工后的墙面整齐，减少后期修补墙体增加的费用。而线切割本身噪声小、不产生扬尘等也是其特点。

（四）主体结构工程绿色施工

1. 一般规定

预制装配式结构构件，宜采取工厂化加工；构件的加工和进场顺序应与现场安装顺序一致；构件的运输和存放应采取防止变形和损坏的措施。钢结构、预制装配式混凝土结构、木结构采取工厂化生产、现场安装，有利于保证质量、提高机械化作业水平和减少施工现场土地占用，应大力提倡。当采取工厂化生产时，构件的加工和进场，应按照安装的顺序，随安装随进场，减少现场存放场地的二次倒运。构件在运输和存放时，应采取正确支垫或专用支架存放，防止构件变形或损坏。

基础和主体结构施工应统筹安排垂直和水平运输机械。基础和主体施工阶段的大型结构件安装，一般需要较大能力的起重设备，为节省机械费用，在安排构件安装机械的同时应考虑混凝土、钢筋等其他分部分项工程施工垂直运输的需要。

施工现场宜采用预拌混凝土和预拌砂浆。现场搅拌混凝土和砂浆时，宜使用散装水泥；搅拌机棚应有封闭降噪和防尘措施。预拌砂浆是指由专业生产厂生产的湿拌砂浆或干混砂浆。其中，干混砂浆需现场拌合，应采取防尘措施。经批准进行混凝土现场搅拌时，宜使用散装水泥节省包装材料；搅拌机应设在封闭的棚内，以降噪和防尘。

应制定建筑垃圾减量计划，并应分类收集、集中堆放、定期处理、合理利用。

2. 装配式混凝土结构技术运用

预制装配式混凝土结构是以预制混凝土构件为主要构件，经装配、连接，结合部分现浇而形成的混凝土结构。它的主要特点是：产业化流水预制构件，工业化程度高；成型模具和生产设备一次性投入后可重复使用，节约资源和费；现场装配、连接，可避免或减轻施工对周边环境的影响；通过预制装配工艺的运用，机械化程度有明显提高，操作人员劳动强度得到有效缓解；预制构件的装配化，使工程施工周期缩短；工厂化预制混凝土构件，不采用湿作业，从而减少了现场混凝土浇捣和"垃圾源"的产生，同时减少了搅拌车、固定泵等操作工具的洗清，可有效控制废浆等污染源。与传统施工方式相比，节水节电均超过30%。由于采用预制混凝土构件，使建筑材料在运输、装卸、堆放、控料过程中减少了各种扬尘污染，所以这种结构满足绿色、低碳要求。

3. 混凝土结构工程

（1）钢筋工程

钢筋宜采用专用软件优化放样下料，根据优化配料结果，合理确定进场钢筋的定尺长度；在满足相关规范要求的前提下，合理利用短筋。使用专用软件进行优化钢筋配料，能合理确定进场钢筋的定尺长度、充分利用短钢筋，减少钢筋损耗和浪费。

钢筋工程宜采用专业化生产的成型钢筋。钢筋现场加工时，宜采取集中加工方式。钢筋采用工厂化加工并按需要直接配送及应用钢筋网片、钢筋骨架，是建筑业实现工业化的一项重要措施，能节约材料、节省能源、少占用地、提高效率，应积极推广。钢筋连接宜采用机械连接方式。采用先进的钢筋连接方式，不仅质量可靠而且节省材料。

进场钢筋原材料和加工半成品应存放有序、标识清晰、便于使用和辨认；储存环境适宜，现场存放场地应有排水、防潮、防锈、防泥污等措施。

钢筋除锈时，应采取避免扬尘和防止土壤污染的措施。钢筋除锈、冷拉、调直、切断等加工过程中会产生金属粉末和锈皮等废弃物，应及时收集处理，防止污染土地。

钢筋加工中使用的冷却液体，应过滤后循环使用，不得随意排放。钢筋加工产生的粉末状废料，应按建筑垃圾及时收集和处理，不得随意掩埋或丢弃。

钢筋安装时，绑扎丝、焊剂等材料应妥善保管和使用，散落的余废料应及时收集利用，减少材料浪费。

（2）模板工程

1）一般规定

施工中应选用周转率高的模板和支撑体系。制作模板及支撑体系方案时，应贯彻"以钢代木"和应用新型材料的原则，模板宜选用可回收利用的塑料、铝合金、玻璃钢等材料，尽量减少木材的使用，保护森林资源。推荐使用大模板、定型模板、爬升模板和早拆模板等工业化模板体系。使用工业化模板体系，机械化程度高、施工速度快，工厂化加工、减少现场作业和场地占用，应积极推广使用。

采用木或竹制模板时，宜采取工厂化定型加工、现场安装的方式，不得在工作面上直接加工拼装。在现场加工时，应设封闭场所集中加工，并采取有效的隔声和防粉尘污染措施。施工现场目前使用木或竹制胶合板作模板的较多，有的直接将胶合板、木方运到作业面进行锯切和模板拼装，既浪费材料又难以保证质量，还造成锯末、木屑污染环境。为提高模板周转率，提倡使用工厂加工的钢框架、竹胶合模板；如在现场加工此类模板时，应封闭加工棚，防止粉尘和噪声污染。

应提高模板加工和安装精度。模板加工和安装的精度，直接决定了混凝土构件的尺寸和表面质量。提高模板加工和安装的精度，可节省抹灰材料和人工，提高工程质量，加快施工进度。

脚手架和模板支撑宜选用承插式、碗扣式、盘扣式等管件合一的脚手架材料搭设。传统的构件式钢管脚手架，安装和拆除过程中容易丢失扣件且承载能力受人为因素影响较大，因此提倡使用承插式、碗扣式、盘扣式等管件合一的脚手架材料作脚手架和模板支撑。

高层建筑结构施工，应采用整体或分片提升的工具式脚手架和分段悬挑式脚手架。高层建筑、特别是超高层建筑，使用整体提升或分段悬挑等工具式外脚手架随结构施工而上升，具有减少投入、减少垂直运输、安全可靠等优点，应优先采用。

模板及脚手架施工应及时回收散落的铁钉、铁丝、扣件、螺栓等材料。模板及脚手架施工，应采取措施防止小型材料配件丢失或散落，节约材料和保证施工安全；对不慎散落的铁钉、铁丝、扣件、螺栓等小型材料配件应及时回收利用。

用模板龙骨的残损短木料，可采用"叉接"接长技术接长使用，木、竹胶合板配料剩余的边角余料可拼接使用，节约材料。

模板脱模剂应选用环保型产品，并专人保管和涂刷，剩余部分应及时回收。模板拆除应采取措施防止损坏，并及时检修维护、妥善保管。模板拆除时，模板和支撑应采用适当的工具、按规定的程序进行，不应乱拆硬撬；并应随拆随运，防止交叉、叠压、碰撞等造成损失。不慎损坏的应及时修复；暂时不使用的应采取保护措施。

2）节材型低碳化模板体系

在建筑施工中模板与脚手架的成本，大约占总造价的 20%～30%，而且模板搭设及拆除占总工时的 35%～50%。所以，采用优良的模架体系除了保证安全之外，还能达到高效、节能、低碳、节材、环保等目标。目前工程上开始采用的节材型低碳化模板体系主要有：

① 铝合金模板

采用铝板和型材焊接而成，并采用销钉、高强度螺栓等进行连接，具有周转次数多（300～500 次）、施工方便、效率高、稳定性高、承载力高、现场无施工垃圾、低碳环保等优点，可以广泛使用在结构质量标准高、结构随楼层变化小、可周转次数较多的建筑。

② 玻璃钢圆柱模板

以环氧树脂为粘结材料，低碱玻璃纤维平纹布为增强材料，可以根据浇筑柱子的圆周周长和高度制作的工具式模板，利用槽钢箍安装活动梯，利用定位柱搭设操作平台，成为独立的操作单位。该模板装拆轻便，尤其利于用起重设备直接提升脱模，浇筑的混凝土表面平整光亮，且造价低、重复利用率高，可以适用于不同直径的现浇钢筋混凝土圆柱施工。此种模板体系比传统钢模板、木模板省工、省料，施工效率高，劳动强度低，经济效果比较显著。

③ 塑钢模板

是一种节能型和绿色环保产品，系木模板、组合钢模板、竹木胶合模板、全钢大模板之后又一新型换代产品。塑钢模板是在消化吸收欧洲先进的设备制造技术和高端的加工经验基础上，坚持以先进的产品和工艺技术，通过 200℃ 高温挤压而成的复合材料。具有平整光洁、脱模简便、利于养护、可变性强、周转次数多、节能环保等优点，是建筑施工工程模板材料的一次新的革命。

（3）混凝土工程

施工中应合理确定混凝土配合比，混凝土中宜添加粉煤灰、矿渣粉等工业废料和高效减水剂，以减少水泥用量，节约资源。外加剂使用应符合相关规范要求。掺粉煤灰的混凝土，可合理利用其 60d、90d 的龄期强度。

混凝土宜采用泵送、布料机布料浇筑；地下大体积混凝土宜采用溜槽或串筒浇筑，以保证混凝土质量、加快施工、节省人工。

超长无缝混凝土结构宜采用滑动支座法、跳仓法和综合治理法施工。当裂缝控制要求较高时，可采用低温补仓法施工。滑动支座法是采用滑动支座减少约束，释放混凝土内力的施工方法；跳仓法是将超长超宽混凝土结构划分成若干个区块，按照相隔区块与相邻区块两部分，依据一定时间间隔要求，对混凝土进行分期施工的方法；低温补仓法是在跳仓法的基础上，创造的一种补仓低于跳仓混凝土浇筑温度的施工方法；综合治理法是全部或部分采用滑动支座法、跳仓法、低温补仓法及其他方法控制复杂混凝土结构早期裂缝的施工方法。

大体积混凝土的温控措施可以采用"内降外保"的综合措施。即在混凝土表面覆盖塑料薄膜和毛毯等以减少热量散发，提高面层混凝土温度；在混凝土内部预埋冷却水管，通过水降温，降低内部温度，从而降低混凝土内外温差。混凝土覆盖冷却水管后，即开始通水降温，出水口水的温度较高，直接引至基础表面作养护水，提高混凝土的表面温度，可节省覆盖保温材料，起到节材、节能效果。

混凝土振捣是产生较强噪声的作业方式，应选用低噪声的振捣设备。采用传统振捣设备时，应采用作业层围挡，以减少噪声污染。在噪声敏感环境或钢筋密集时，宜采用自密实混凝土。

混凝土宜采用塑料薄膜加保温材料覆盖保湿、保温养护；当采用洒水或喷雾养护时，养护用水宜使用回收的基坑降水或雨水；混凝土竖向构件宜采用养护剂进行养护。在常温施工时，浇筑完成的混凝土表面宜采用覆盖塑料薄膜，利用混凝土内蒸发的水分自养护。冬期施工或大体积混凝土应采用塑料薄膜加保温材料养护，以节约养护用水。当采用洒水或喷雾养护时，提倡使用回收的基坑降水或收集的雨水等非传统水源。

混凝土结构宜采用清水混凝土，其表面应涂刷保护剂，以增加混凝土的耐久性。

每次浇筑混凝土，不可避免的会有少量剩余，应制成小型的预制件，用于临时工程或在不影响工程质量的前提下，用于门窗过梁、沟盖板、隔断墙中的预埋件砌块等，充分利用剩余材料；不得随意倒掉或当作建筑垃圾处理。

清洗泵送设备和管道的污水应经沉淀后回收利用，浆料分离后可作室外道路、地面等垫层的回填材料。

4. 砌体结构工程

砌体结构宜采用工业废料或废渣制作的砌块。砌块运输宜采用托板整体包装，现场应减少二次搬运。砌块湿润和砌体养护宜使用检验合格的非传统水源。混合砂浆掺合料可使用粉煤灰等工业废料。砌筑施工时，落地灰应及时清理、收集和再利用。砌块应按组砌图砌筑；非标准砌块应在工厂加工按计划进场，现场切割时应集中加工，并采取防尘降噪措施。毛石砌体砌筑时产生的碎石块，应用于填充毛石块间空隙，不得随意丢弃。

5. 钢结构工程

钢结构安装连接宜选用高强螺栓连接，钢结构宜采用金属涂层进行防腐处理。钢结构组装采用高强度螺栓连接可减少现场焊接量；钢结构采用金属涂层等方法进行防腐处理可减少使用期维护。

钢结构深化设计时，应结合加工、运输、安装方案和焊接工艺要求，合理确定分段、分节数量和位置，优化节点构造，减少钢材用量。钢结构施工前应合理选择安装方案，大跨度钢结构安装宜采用起重机吊装、整体提升、顶升和滑移等机械化程度高、劳动强度低的方法。钢结构加工应制定废料减量计划，优化下料，综合利用余料，废料应分类收集、集中堆放、定期回收处理。钢材、零（部）件、成品、半成品件和标准件等应堆放在平整、干燥场地或仓库内。

复杂空间钢结构制作和安装，应预先采用仿真技术模拟施工过程和状态。

钢结构现场涂料应采用无污染、耐候性好的材料，减少涂料浪费和对环境的污染。防火涂料喷涂施工时，应采取防止涂料外泄的专项措施。

6. 其他

装配式混凝土结构构件，在安装时需要临时固定用的埋件或螺栓，与室内外装饰、装修需要连接的预埋件，应在工厂加工时准确预留、预埋，防止事后剔凿破坏，造成不必要的浪费。

钢混组合结构中的钢结构构件与钢筋的连接方式（穿孔法、连接件法和混合法等）应在深化设计时确定，并绘制加工图，标示出预留孔洞、焊接套筒、连接板位置和大小，在工厂加工完成，不得现场临时切割或焊接，以防止损坏钢构件。

索膜结构施工时，索、膜应工厂化制作和裁剪，现场安装。索膜结构的索和膜均应在工厂按照计算机模拟张拉后的尺寸下料，制作和安装连接件，运至现场安装张拉。

（五）装饰装修工程绿色施工

装饰装修阶段涉及的分项工程多，专业分包多，分包方式多，装饰装修材料、管材、型材及各设备种类和数量较多，决定了此阶段开展绿色施工管理的难度较大。

1. 一般规定

施工前，块材、板材和卷材应进行排板优化设计。块材、板材、卷材类材料包括地砖、石材、石膏板、壁纸、地毯以及木制、金属、塑料类等材料。施工前应进行合理排板，减少切割和因此产生的噪声及废料等。

门窗、幕墙、块材、板材宜采用工厂化加工，减少现场加工而产生的占地、耗能以及可能产生的噪声和废水。五金件、连接件、构造性构件宜采用标准件。大型的装饰公司，有自己的加工厂，需要切割加工的木板、瓷砖、大理石、金属型材、塑料管材等直接送往自己的加工厂进行切割加工，或在材料出厂前在材料供应商处加工好，再送往施工现场，从而避免了施工现场的扬尘和噪声。在施工现场切割时，应设置密闭的加工棚，以减少锯末的飞扬和降低噪声污染，降低对周边环境的影响。

装饰用砂浆宜采用预拌砂浆，落地灰应回收使用。材料的包装物应分类回收。建筑装饰装修成品和半成品应根据其部位和特点，采取相应的保护措施，避免损坏、污染或返工。

室内装饰装修材料应按有关规范要求进行甲醛、氨、挥发性有机化合物和放射性等有害指标的检测。民用建筑工程的室内装修，所采用的涂料、胶粘剂、水性处理剂，其苯、甲苯和二甲苯、游离甲醛、游离甲苯二异氰酸酯（TDI）、挥发性有机化合物（VOC）的含量应符合现行国家标准《民用建筑工程室内环境污染控制规范》GB 50325 的相关要求。

不得采用沥青类、煤焦油类等材料作为室内防腐、防潮处理剂。

民用建筑工程验收时，必须进行室内环境污染物浓度检测。装饰装修阶段所涉及的建筑材料非常多，如建筑内外墙涂料、内外墙腻子、瓷砖、大理石、木材、给排水管、通风管、空调管道等，施工过程中及竣工投入营运后，直接或间接地与人接触，需要对这些材料的有害物质含量进行控制。用于施工现场的材料必须是绿色环保的装饰装修材料，其有害物质含量须满足相应的标准规范要求。

2. 地面工程

地面基层处理应符合下列规定：①基层粉尘清理应采用吸尘器；没有防潮要求的，可采用洒水降尘等措施。②基层需要剔凿的，应采用噪声小的剔凿方式。

地面找平层、隔汽层、隔声层施工应符合下列规定：①找平层、隔汽层、隔声层应严格控制厚度允许偏差。②干作业应有防尘措施。③湿作业应采用喷洒方式保湿养护。

水磨石地面施工应符合下列规定：①应对地面洞口、管线口进行封堵，墙面应采取防污染措施。②应采取水泥浆收集处理措施。③宜在水磨石地面完成后进行房间其他饰面层的施工。④现制水磨石地面应制定控制污水和噪声的措施。

施工现场切割地面块材时，应采取降噪措施；切割用水应集中收集处理。

地面养护期内不得上人或堆物，对地面成品、半成品应采取保护措施。

3. 门窗及幕墙工程

外窗和幕墙宜采用断桥型材、镀膜中空玻璃等节能产品。木制、塑钢、金属门窗应采取成品保护措施。外门窗安装应与外墙面装修同步进行，宜采取遮阳措施。门窗框周围的缝隙填充应采用憎水保温材料。幕墙与主体结构的预埋件应在结构施工时埋设。连接件应采用耐腐蚀材料或采取可靠的防腐措施。硅胶使用应进行相容性和耐候性复试。

4. 吊顶工程

吊顶施工应减少板材、型材的切割。使用温湿度敏感材料进行大面积吊顶施工时，应采取防止变形和裂缝的措施。温湿度敏感材料是指变形、强度等受温度、湿度变化影响较大的装饰材料，如纸面石膏板、木工板等。使用温湿度敏感材料进行大面积吊顶施工时，应采取防止变形和裂缝的措施。

高大空间的整体顶棚施工，宜采用地面拼装、整体提升就位的方式。高大空间吊顶施工时，宜采用可移动式操作平台或吊篮。可移动式操作平台可以减少脚手架搭设工作量，省材省工。

5. 隔墙及内墙面工程

隔墙材料宜采用轻质砌块砌体或轻质墙板，严禁采用实心烧结黏土砖。预制板或轻质隔墙板间的填塞材料应采用弹性或微膨胀的材料。隔墙应满足隔音要求，防火分区隔断墙应满足防火要求。抹灰墙面应采用喷雾方法进行养护。

墙体抹灰层的节材控制措施，在砌筑和抹灰过程中，要控制预拌砂浆的进货速度，避免砂浆存放时间过长，难以施工；在砌筑和抹灰工程施工中，要改善施工工艺，减少掉灰量。同时，在抹灰过程中要严格控制抹灰层厚度，有效降低抹灰砂浆的用量，提高经济效益。

墙体抹灰前需要用水冲洗墙面，清除影响砂浆与墙面黏附力的松散物、浮灰和污物。抹灰前需要对墙面进行预湿处理，一般在抹灰操作前 1d 需要对墙体淋水 2～3 次，使加气块墙体的渗水深度在 10mm～20mm，墙体含水率保持在 10％～15％。抹灰后需要对抹灰砂浆进行保湿养护，保湿养护时间不少于 7d。这一系列过程需要消耗大量的水。

采取的节水措施：采用收集的雨水、中水或其他非传统水源，使用这些水时需要对其进行分析评估，确保使用这些非传统水时对工程质量和人的健康不产生不良影响。冲洗墙面、预湿墙面和对抹灰层的养护，不采用水管直接冲淋墙面，致使大量水直接掉落到室外或楼板上，造成浪费，因此应该在水管上安装花洒，使得喷淋的面积扩大，减少掉落量，起到很好的节水效果。

涂料基层含水率应符合相关标准要求，涂料施工应有防污染措施。涂料施工对基层含水率要求很高，应严格控制基层含水率，以避免引起起鼓等质量缺陷，提高耐久性。

内、外墙刷涂料前，需要对已经抹在墙上的腻子进行打磨处理，以改善墙面的平整度。现阶段，无论采用大型的施工机械还是小型施工机械打磨，都是采用干作业的方式进行，打磨过程中将造成较为严重的粉尘污染。控制该工序施工粉尘污染是现阶段迫切需要解决的技术难题。

（六）保温和防水工程绿色施工

1. 一般规定

保温和防水工程施工时，除应分别满足建筑节能和防水设计的要求外，宜采用新材料、新技术和新工艺。

保温和防水材料及辅助用材的有害物质限量应符合有关标准规定。现行行业标准《建筑防水涂料中有害物质限量》JC 1066 对涂料类建筑防水材料的挥发性有机化合物（VOC）、苯、甲苯、乙苯、二甲苯、苯酚、蒽、萘、游离甲醛、游离甲苯二异氰酸酯（TDI）、氨、可溶性重金属等有害物质含量的限量均做了规定。

板材、块材和卷材施工应预先进行排板。

保温和防水材料在运输、存放和使用时应根据其性能采取防水、防潮和防火措施。

2. 保温工程

保温施工宜选用结构自保温、保温与装饰一体化、保温板兼作模板、全现浇混凝土外墙与保温一体化和管道保温一体化等方案。结构自保温是指保温性能及承载能力同时满足设计标准要求，不需要另外增加保温层的墙体；保温板兼作模板是将保温板辅以特制骨架形成的模板，可使结构层和保温层连接更为可靠；全现浇混凝土外墙与保温一体化是指墙体钢筋绑扎完毕，混凝土浇筑之前将保温板置于外模内侧，混凝土浇筑后保温层与墙体有机地结合在一起的方法；管道保温一体化是指在生产过程中保温层与管道同时制作生产，无需现场再进行保温层施工的方法。

现浇泡沫混凝土保温层施工应符合下列规定：①水泥、集料、掺合料等宜工厂干拌、封闭运输。②拌制的泡沫混凝土宜泵送。③搅拌和泵送设备及管道等冲洗水应收集处理。④养护应采用覆盖、喷洒等节水方式。

保温砂浆施工应符合下列规定：①保温砂浆材料宜采用干拌砂浆。②现场拌合应随用随拌。③落地浆体应及时收集利用。

玻璃棉、岩棉保温层施工应符合下列规定：①玻璃棉、岩棉类保温材料，应封闭存放。②玻璃棉、岩棉类保温材料现场裁切后应封闭包装。③施工人员应配置劳保防护用具。④剩余材料及下脚料应回收。⑤雨天、四级以上大风天气不得进行室外作业。

泡沫塑料类保温层施工应符合下列规定：

①聚苯乙烯泡沫塑料板余料应全部回收。②现场喷涂硬泡聚氨酯时，喷嘴与施工基面的距离应适当，并应对作业面采取遮挡、防风和防护措施。③现场喷涂硬泡聚氨酯时，环境温度宜在 10℃～40℃，空气相对湿度宜小于 80%，风力不宜大于 3 级。④硬泡聚氨酯现场作业应准确计算使用量，随配随用。

3. 防水工程

基层清理应采取控制扬尘的措施。

卷材防水层施工应符合下列规定：①宜采用自粘型防水卷材。②采用热熔法施工时，应控制燃料泄漏，并控制易燃材料储存地点与作业点的间距。高温环境或封闭条件施工时，应采取措施加强通风。③防水层不宜采用热粘法施工。④采用的基层处理剂和胶粘剂应选用环保型材料，并封闭存放。⑤防水卷材余料应及时回收。

涂膜防水层施工应符合下列规定：①液态防水涂料和粉末状涂料应采用封闭容器存放，余料应及时回收。②涂膜防水宜采用滚涂或涂刷工艺，当采用喷涂工艺时，应采取防止污染的措施。③涂膜固化期内应采取保护措施。

（七）机电安装工程

1. 一般规定

机电安装工程应推广工厂化制作。机电安装工程施工前应对通风空调、给水排水、强弱电、末端设施布置及装修等进行综合分析，并绘制综合管线图。机电安装工程的临时设施应与工程总体部署统一考虑。管线的预埋、预留应与土建及装修工程同步进行，不得现场临时剔凿。除锈、防腐宜在工厂内完成，现场涂装时应采用无污染、耐候性好的材料。机电安装工程应选用能效高的设备。

风机盘管空调系统安装工程、给水排水安装工程、消防系统安装工程、强弱电安装工程作业过程等，需要大量的电焊作业，电焊过程中会产生大量的电焊废渣、烟气污染，焊接作业时会产生较强的光污染。对于电焊过程中产生的电焊尘，要采用封闭容器进行定期收集，要防止扬尘。焊接作业时光污染的防止措施为：电焊人员要佩戴电焊镜，防止电焊对人眼的伤害；戴电焊手套，防止电焊作业灼伤皮肤；并需设挡光设施，防止电焊作业产生的强光对周围环境产生影响。

2. 管道工程

管道连接宜采用机械方式。管道宜采用工厂化加工；采暖散热片组装应在工厂完成。设备安装产生的油污应及时清理。管道试验及冲洗用水应有组织排放，处理后重复利用。污水管道、雨水管道试验及冲洗用水宜利用施工现场收集的雨水或中水。

3. 通风工程

预制风管宜进行工厂化制作。下料时，应先下大管料，再下小管料，先下长料，后下短料。预制风管安装前，应将内壁清扫干净。预制风管连接宜采用机械连接方式。砌筑墙体风道内壁抹灰表面应密闭、光滑、平整。冷媒储存应采用压力密闭容器。

4. 电气工程

电线导管暗敷应做到线路最短。电缆应按照实际尺寸订购，线径应合理选择。应选用节能型电线、电缆和灯具等，并应进行节能测试。预埋管线口应采取临时封堵措施。线路连接宜采用免焊接头和机械压接方式。不间断电源柜试运行时应进行噪声监测。不间断电源安装应防止电池液泄漏，废旧电池应回收。电气设备的试运行不得低于规定时间，且不应超过规定时间的 1.5 倍。

六、BIM 概述

（一）综述

科学技术的快速发展，给建筑行业带来了高速发展的机遇和挑战，BIM 技术就是近年来被广泛谈及并认可的建筑业发展趋势。住房和城乡建设部《2011—2015 年建筑业信息化发展纲要》中明确提出：加快推广 BIM 等技术在勘察设计、施工和工程项目管理中的应用，改进传统的生产与管理模式，提升企业的生产效率和管理水平。将推动 BIM 技术发展在建筑行业（设计、施工、运营）应用列为企业的重点发展目标。2015 年 6 月 6 日，住房和城乡建设部发布了《关于印发〈推进建筑信息模型应用指导意见〉的通知》（建质函〔2015〕159 号），其中提出：信息化是建筑产业现代化的主要特征之一，BIM 应用作为建筑业信息化的重要组成部分，必将极大地促进建筑领域生产方式的变革。

1. BIM 的定义

BIM 是 Building Information Modeling 的缩写，即建筑信息模型，是利用数字模型对项目进行设计、施工、运营管理的过程。BIM 是在计算机辅助设计（CAD）等技术基础上发展起来的多维模型信息集成技术，是对建筑工程物理特征和功能特性信息的数字化承载和可视化表达。

1975 年，"BIM 之父"——美国佐治亚理工大学建筑与计算机学院的 Charles Eastman 教授创建了 BIM 理念，截至目前，BIM 技术的研究经历了三大阶段：萌芽阶段、产生阶段和发展阶段。BIM 理念的启蒙，受到了 1973 年全球石油危机的影响，美国全行业需要考虑提高行业效益的问题，1975 年 Eastman 教授在其研究的课题 "Building Description System" 中提出 "a computer-based description of a building"，以便于实现建筑工程的可视化和量化分析，提高工程建设效率。BIM 最先从美国发展起来，随着全球化的进程，已经扩展到了欧洲、日、韩、新加坡等国家和地区。在中国，BIM 概念则是在 2002 年由欧特克公司首次引入。

美国国家 BIM 标准对 BIM 的描述为：BIM 是一个设施（建设项目）物理和功能特性的数字表达；BIM 是一个共享的知识资源，是一个分享有关这个设施的信息，为该设施从概念到拆除的全寿命期中的所有决策提供可靠依据的过程；在项目不同阶段，不同利益相关方通过在 BIM 中插入、提取、更新和修改信息，以支持和反映其各自职责的协同作业。

建筑信息的数据在 BIM 中的存储，主要以各种数字技术为依托，从而以这个数字信息模型作为各个建筑项目的基础，去进行各个相关工作。建筑信息模型不是简单的将数字信息进行集成，还是一种数字信息的应用，并可以用于设计、建造、管理的数字化方法，这种方法支持建筑工程的集成管理环境，可以使建筑工程在其整个进程中显著提高效率、大量减少风险。

在建筑工程整个生命周期中,建筑信息模型可以实现集成管理,因此这一模型既包括建筑物的信息模型,同时又包括建筑工程管理行为的模型。将建筑物的信息模型同建筑工程的管理行为模型进行完美地组合。因此在一定范围内,建筑信息模型可以模拟实际的建筑工程建设行为,例如:建筑物的日照、外部维护结构的传热状态等。

2. 推广 BIM 应用的意义

BIM 能够应用于工程项目规划、勘察、设计、施工、运营维护等各阶段(图 6-1),实现建筑全生命期各参与方在同一多维建筑信息模型基础上的数据共享,为产业链贯通、工业化建造和繁荣建筑创作提供技术保障;支持对工程环境、能耗、经济、质量、安全等方面的分析、检查和模拟,为项目全过程的方案优化和科学决策提供依据;支持各专业协同工作、项目的虚拟建造和精细化管理,为建筑业的提质增效、节能环保创造条件。

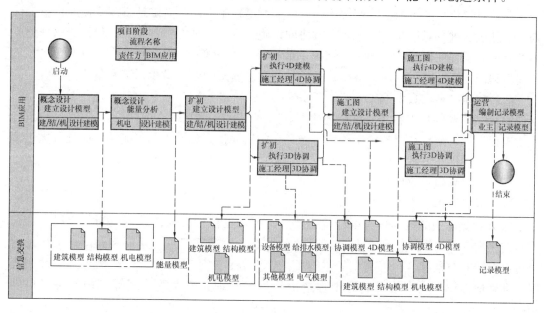

图 6-1 BIM 应用流程示例

建立以 BIM 应用为载体的项目管理信息化,提升项目生产效率、提高建筑质量、缩短工期、降低建造成本,具体体现在以下方面:

(1)三维渲染,宣传展示

三维渲染动画,给人以真实感和直接的视觉冲击。建好的 BIM 模型可以作为二次渲染开发的模型基础,极大提高三维渲染效果的精度与效率,给业主更为直观的宣传介绍,提升中标几率。

(2)快速算量,精度提升

BIM 数据库的创建,通过建立关联数据库,可以准确快速计算工程量,提升施工预算的精度与效率。由于 BIM 数据库的数据精度达到构件级,可以快速提供支撑项目各条线管理所需的数据信息,有效提升施工管理效率。BIM 技术能自动计算工程实物量,这个属于较传统的算量软件的功能,在国内此项应用案例非常多。

(3)精确计划,减少浪费

施工企业精细化管理很难实现的根本原因在于海量的工程数据，无法快速准确获取以支持资源计划，致使经验主义盛行。而 BIM 的出现可以让相关管理条线快速准确地获得工程基础数据，为施工企业制定精确计划提供有效支撑，极大减少了资源、物流和仓储环节的浪费，为实现限额领料、消耗控制提供技术支撑。

（4）多算对比，有效管控

管理的支撑是数据，项目管理的基础就是工程基础数据的管理，及时、准确地获取相关工程数据就是项目管理的核心竞争力。BIM 数据库可以实现任一时点上工程基础信息的快速获取，通过合同、计划与实际施工的消耗量、分项单价、分项合价等数据的多算对比，可以有效了解项目运营是盈是亏，消耗量有无超标，进货分包单价有无失控等问题，实现对项目成本风险的有效管控。

（5）虚拟施工，有效协同

三维可视化功能再加上时间维度，可以进行虚拟施工。随时随地直观快速地将施工计划与实际进展进行对比，同时进行有效协同，施工方、监理方、甚至非工程行业出身的业主领导都对工程项目的各种问题和情况了如指掌。这样通过 BIM 技术结合施工方案、施工模拟和现场视频监测，极大减少建筑质量问题、安全问题，减少返工和整改。

（6）碰撞检查，减少返工

BIM 最直观的特点在于三维可视化，利用 BIM 的三维技术在前期可以进行碰撞检查，优化工程设计，减少在建筑施工阶段可能存在的错误损失和返工的可能性，而且可优化净空、优化管线排布方案。施工人员可以利用碰撞优化后的三维管线方案，进行施工交底、施工模拟，提高施工质量。

（7）冲突调用，决策支持

BIM 数据库中的数据具有可计量的特点，大量工程相关的信息可以为工程提供数据后台的巨大支撑。BIM 中的项目基础数据可以在各管理部门进行协同和共享，工程量信息可以根据时空维度、构件类型等进行汇总、拆分、对比分析等，保证工程基础数据及时、准确地提供，为决策者制订工程造价项目群管理、进度款管理等方面的决策提供依据。

3. BIM 应用现状

自 2002 年开始 BIM 席卷欧美的工程建设行业，引发了史无前例的建筑变革。香港已从 2015 年开始规定所有政府项目强制使用 BIM。随着 BIM 的普及，大量业主要求项目采用 BIM 技术和管理，包括鸟巢、水立方、天津港、上海迪士尼、上海中心、中信中国尊、沈阳机场在内的众多项目部分或全部的采用了 BIM 管理。

BIM 为设计师、建筑师、设备工程师、开发商乃至物业维护等各环节人员提供"模拟和分析"的科学协作平台，帮助其利用三维数字模型对项目进行设计、建造及运营管理。最终使整个工程项目在设计、施工和使用等各个阶段都能够有效地实现建立资源计划、控制资金风险、节省能源、节约成本、降低污染和提高效率，从真正意义上实现工程项目的全生命周期管理。近几年来，BIM 技术在美国、日本等国家的建筑工程领域取得了大量的应用成果，因而影响到国内不少的施工企业也开始思考如何应用 BIM 技术来提升项目管理水平与企业核心竞争力。在工程项目管理的实践中适时地引进 BIM 系统管理的思想，可有效解决项目管理中的许多问题以及困惑大多数人的成本管理问题，为工程项目管理及成本管理提供了一个崭新的思路。

住建部《2011—2015建筑业信息化发展纲要》的颁布，拉开了BIM技术在我国施工企业全面推进的序幕。

目前，BIM在建筑领域的推广应用还存在着政策法规和标准不完善、发展不平衡、本土应用软件不成熟、技术人才不足等问题，有必要采取切实可行的措施，推进BIM在建筑领域的应用。

4. 推进 BIM 应用的指导思想、基本原则和发展目标

（1）指导思想

以工程建设法律法规、技术标准为依据，坚持科技进步和管理创新相结合，在建筑领域普及和深化BIM应用，提高工程项目全生命期各参与方的工作质量和效率，保障工程建设优质、安全、环保、节能。

（2）基本原则

1）企业主导，需求牵引。发挥企业在BIM应用中的主体作用，聚焦于工程项目全生命期内的经济、社会和环境效益，通过BIM应用，提高工程项目管理水平，保证工程质量和综合效益。

2）行业服务，创新驱动。发挥行业协会、学会组织优势，自主创新与引进集成创新并重，研发具有自主知识产权的BIM应用软件，建立BIM数据库及信息平台，培养研发和应用人才队伍。

3）政策引导，示范推动。发挥政府在产业政策上的引领作用，研究出台推动BIM应用的政策措施和技术标准。坚持试点示范和普及应用相结合，培育龙头企业，总结成功经验，带动全行业的BIM应用。

（3）发展目标

《关于印发〈推进建筑信息模型应用指导意见〉的通知》中指出：到2020年末，建筑行业甲级勘察、设计单位以及特级、一级房屋建筑工程施工企业应掌握并实现BIM与企业管理系统和其他信息技术的一体化集成应用。到2020年末，以下新立项项目勘察设计、施工、运营维护中，集成应用BIM的项目比率达到90%：以国有资金投资为主的大中型建筑；申报绿色建筑的公共建筑和绿色生态示范小区。

5. BIM 应用工作重点

（1）施工企业

改进传统项目管理方法，建立基于BIM应用的施工管理模式和协同工作机制。明确施工阶段各参与方的协同工作流程和成果提交内容，明确人员职责，制定管理制度。开展BIM应用示范，根据示范经验，逐步实现施工阶段的BIM集成应用。

1）建立施工模型。施工企业应利用基于BIM的数据库信息，导入和处理已有的BIM设计模型，形成BIM施工模型。

2）细化设计。利用BIM设计模型根据工程建设需要进一步细化、完善，指导建筑部品、构件的生产以及现场施工安装。

3）专业协调。进行建筑、结构、设备等各专业以及管线在施工阶段综合的碰撞检测、分析和模拟，消除冲突，减少返工。

4）成本管理与控制。应用BIM施工模型，精确高效计算工程量，进而辅助工程预算的编制。在施工过程中，对工程动态成本进行实时、精确的分析和计算，提高对项目成本和工程造价的管理能力。

5）施工过程管理。应用 BIM 施工模型，对施工进度、人力、材料、设备、质量、安全、场地布置等信息进行动态管理，实现施工过程的可视化模拟和施工方案的不断优化。

6）质量安全监控。综合应用数字监控、移动通信和物联网技术，建立 BIM 与现场监测数据的融合机制，实现施工现场集成通信与动态监管、施工时变结构及支撑体系安全分析、大型施工机械操作精度检测、复杂结构施工定位与精度分析等，进一步提高施工精度、效率和安全保障水平。

7）地下工程风险管控。利用基于 BIM 的岩土工程施工模型，模拟地下工程施工过程以及对周边环境影响，对地下工程施工过程可能存在的危险源进行分析评估，制定风险防控措施。

8）交付竣工模型。BIM 竣工模型应包括建筑、结构和机电设备等各专业内容，在三维几何信息的基础上，还包含材料、荷载、技术参数和指标等设计信息，质量、安全、耗材、成本等施工信息，以及构件与设备信息等。

（2）工程总承包企业

根据工程总承包项目的过程需求和应用条件确定 BIM 应用内容，分阶段（工程启动、工程策划、工程实施、工程控制、工程收尾）开展 BIM 应用。在综合设计、咨询服务、集成管理等建筑业价值链中技术含量高、知识密集型的环节大力推进 BIM 应用。优化项目实施方案，合理协调各阶段工作，缩短工期、提高质量、节省投资。实现与设计、施工、设备供应、专业分包、劳务分包等单位的无缝对接，优化供应链，提升自身价值。

1）设计控制。按照方案设计、初步设计、施工图设计等阶段的总包管理需求，逐步建立适宜的多方共享的 BIM 模型。使设计优化、设计深化、设计变更等业务基于统一的 BIM 模型，并实施动态控制。

2）成本控制。基于 BIM 施工模型，快速形成项目成本计划，高效、准确地进行成本预测、控制、核算、分析等，有效提高成本管控能力。

3）进度控制。基于 BIM 施工模型，对多参与方、多专业的进度计划进行集成化管理，全面、动态地掌握工程进度、资源需求以及供应商生产及配送状况，解决施工和资源配置的冲突和矛盾，确保工期目标实现。

4）质量安全管理。基于 BIM 施工模型，对复杂施工工艺进行数字化模拟，实现三维可视化技术交底；对复杂结构实现三维放样、定位和监测；实现工程危险源的自动识别分析和防护方案的模拟；实现远程质量验收。

5）协调管理。基于 BIM，集成各分包单位的专业模型，管理各分包单位的深化设计和专业协调工作，提升工程信息交付质量和建造效率；优化施工现场环境和资源配置，减少施工现场各参与方、各专业之间的互相干扰。

6）交付工程总承包 BIM 竣工模型。工程总承包 BIM 竣工模型应包括工程启动、工程策划、工程实施、工程控制、工程收尾等工程总承包全过程中，用于竣工交付、资料归档、运营维护的相关信息。

（3）运营维护单位

改进传统的运营维护管理方法，建立基于 BIM 应用的运营维护管理模式。建立基于

BIM 的运营维护管理协同工作机制、流程和制度。建立交付标准和制度，保证 BIM 竣工模型完整、准确地提交到运营维护阶段。

1）建立运营维护模型。可利用基于 BIM 的数据集成方法，导入和处理已有的 BIM 竣工交付模型，再通过运营维护信息录入和数据集成，建立项目 BIM 运营维护模型。也可以利用其他竣工资料直接建立 BIM 运营维护模型。

2）运营维护管理。应用 BIM 运营维护模型，集成 BIM、物联网和 GIS 技术，构建综合 BIM 运营维护管理平台，支持大型公共建筑和住宅小区的基础设施和市政管网的信息化管理，实现建筑物业、设备、设施及其巡检维修的精细化和可视化管理，并为工程健康监测提供信息支持。

3）设备设施运行监控。综合应用智能建筑技术，将建筑设备及管线的 BIM 运营维护模型与楼宇设备自动控制系统相结合，通过运营维护管理平台，实现设备运行和排放的实时监测、分析和控制，支持设备设施运行的动态信息查询和异常情况快速定位。

4）应急管理。综合应用 BIM 运营维护模型和各类灾害分析、虚拟现实等技术，实现各种可预见灾害模拟和应急处置。

6. BIM 应用的困难

（1）软件对接困难

目前尚无统一的软件数据格式标准，设计、施工、监理等各方使用软件不同，造成数据格式多样，信息详略程度不同，各个软件间数据无法通用，更无法相互编辑，而大型工程的数据量十分巨大，数据转换和匹配工作难以实施。

（2）信息传递路线复杂

工程项目涉及众多参与单位，相互之间信息传递路线复杂，如合同、清单、变更、图纸、说明书、签证、进度计划等，文件和数据交互量也十分惊人，且牵涉责权归属，导致难以准确、高效地运用 BIM 技术。

（3）BIM 人才匮乏

国内 BIM 技术应用起步不久，各专业院校尚无完善的 BIM 教学计划，多数技术人员刚开始熟悉 BIM 软件，熟练差异程度很大，项目各个参与方的 BIM 应用水平也参差不齐，因此还需要相当长的培训推广时间。

（二）BIM 相关软件简介

BIM 软件提供了参数化设计与创建模型，以及三维浏览、碰撞检测、管线综合、虚拟建造等专项技术应用，市场上应用较多的 BIM 软件有：Revit、Bentley、Dassault、Tekla、Synchro 4D、Navisworks 等。

工程项目建设过程中涉及的软件很多，如 BIM 建模、可视化、模型应用软件，相关计算、分析软件，施工阶段施工组织、深化设计、项目管理软件，以及运营维护阶段中设施维护、空间管理等软件。涉及施工阶段的软件主要有：Autodesk 的 Navisworks、Bentley 的 MicroStation、ProjectWise 和 Solibri 的 IFC Optimizer 等。

国外，欧特克（Autodesk）Revit 大量用于建筑、结构和机电，主要适用于民用建筑市场。内梅切克（Nemetschek）—图软（Graphisoft）公司的 ArchiCAD 对硬件要求比较低，能够很好地表达建筑设计师的设计意图。Bentley 适用于建筑、结构和设备系列，在工业设计和基础设施领域有优势。达索系统（Dassault Systèmes）是全球高端的机械设计制造软件，在航空、航天、汽车等领域具有垄断地位。

国内，目前广联达研发并拥有建筑 GCL、钢筋 GGJ、机电 GQI 或 MagiCAD、场地 GSL、全专业 BIM 模型集成的平台——BIM5D 等全过程应用软件。广联达通过 GFC（Glodon Foundation Class）接口，实现了 BIM5D 中 Revit 数据的导入，对接算量软件。鲁班研发了鲁班土建、钢筋、安装、施工、总体等一系列的应用软件。鲁班通过 luban trans-revit 接口，实现鲁班与 Revit 的导入。

国内建筑业使用的主流 BIM 建模软件是 Autodesk Revit，采用 Autodesk Navisworks Manage 进行碰撞检测。

由于目前 BIM 软件工具比较多，不同的软件的数据格式不尽相同，这就需要数据之间的传递和转换，以确保应用的协调和延续。随着 BIM 技术的发展和普及，已有软件逐步提供与 BIM 软件的接口。

下面介绍两款国内比较常用的 BIM 软件：

（1）Revit

Revit（图 6-2、图 6-3）是 Autodesk 公司一套系列软件的名称。Revit 系列软件是专为建筑信息模型（BIM）构建的，可帮助建筑设计师设计、建造和维护质量更好、能效更高的建筑。

图 6-2   Revit 安装界面

Revit 分为建筑、结构、机电等专业，即 Revit Architecture、Revit Structure、Revit MEP（Mechanical Electrical Plumbing）。Revit 在操作流程上有它特定的方式，Revit 建立的 BIM 模型以工程对象为基本单元。

（2）Navisworks

Autodesk Navisworks（图 6-4、图 6-5）软件解决方案支持项目设计与建筑专业人士将各自的成果集成至一个同步的建筑信息模型中，能够将 AutoCAD 和 Revit 系列等应用

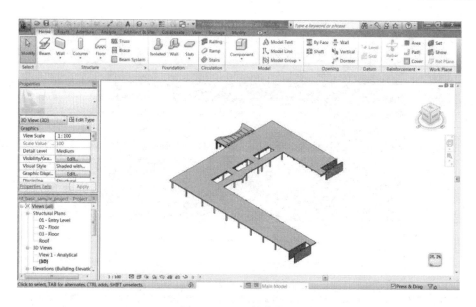

图 6-3　Revit 操作界面

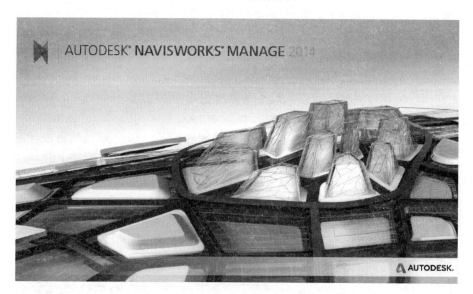

图 6-4　Navisworks 安装界面

创建的设计数据，与来自其他设计工具的几何图形和信息相结合，将其作为整体的三维项目，通过多种文件格式进行实时审阅，而无需考虑文件的大小。Navisworks 软件产品可以帮助所有相关方将项目作为一个整体来看待，从而优化从设计决策、建筑实施、性能预测和规划直至设施管理和运营等各个环节。

Navisworks 的基本功能之一就是支持打开不同软件的设计成果，并将其附加到主模型，从而整合为一个模型。基于 3D 交互的可视化的浏览、漫游等操作，可模拟第一人称或第三人称视角下的真实视觉体验，并可直观地浏览设计，发现其中不合理之处。Navisworks 具备碰撞检测（Clash Detective）功能，可用于大型、复杂的项目或隐蔽工程，以提前解决施工图中的"碰撞"问题。

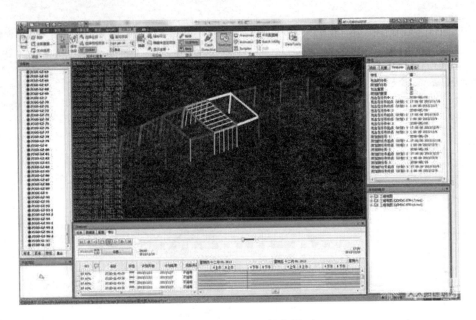

图 6-5　Navisworks 操作界面

（三）BIM 在工程施工阶段的应用

在工程项目全寿命周期中，相关技术人员可运用 BIM 在设计、施工、运营维护全过程中有效控制信息的采集、加工、存储和交流，用经过集成和协同的信息流指导、控制项目建设的物质流，支持项目管理者进行规划、协调和控制。BIM 可在项目设计阶段发现问题，通过协调修改图纸，降低施工阶段的难度和成本。BIM 可实现施工现场的多维管理，可以轻松创建、审核和编辑工程进度模型，编制可靠的进度表，方便工程相关方协调沟通，并可进行施工预演，直观、系统地考察施工方案的可行性。

目前，大型工程项目结构复杂，涉及工序专业多、工程量大、立体交互作业多，各个部门联系紧密，传统施工企业组织架构（图 6-6）和项目部架构（图 6-7），信息交互效率低下，已经不能很好满足工程需求。

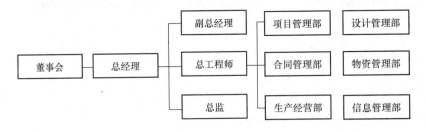

图 6-6　传统施工企业组织架构

依托 BIM 技术建立的工程模型，集成了从设计、施工到运营维护的全寿命周期内所有项目信息，这些信息能够在网络环境中随时更新，即可在获得相关授权后进行访问、增加、变更、删除等操作，为项目各方迅速获得所需信息提供便利。在应用了 BIM 技术的

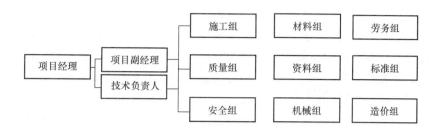

图 6-7　传统工程项目部组织架构

工作模式下，施工企业能够实现对项目信息的集成管理。

1. 施工 4D 管理

目前，3D 模型（三维模型）形象直观、应用较多，但它不能按照工程进度即时更新。BIM 技术在原有 3D 模型的基础上增加了时间轴，形成工程项目 4D 模型，施工方可以根据自身需求创建、编辑 4D 模型，从而编制更为可靠的进度表。同时，也可对不同施工方案进行预演，在视频界面上直观、系统地考察方案的可行性，查找疏漏，以更好地进行项目进度管理。

2. 碰撞检查

应用 BIM 技术进行三维碰撞检查已经比较成熟。国内外都有一些软件可以实现。像设计阶段的 Navisworks，施工阶段的鲁班虚拟碰撞软件，都是应用 BIM 技术，在建造之前，对项目的土建、管线、工艺设备进行管线综合及碰撞检查（图 6-8），基本消除由于设计错漏碰缺而产生的隐患。在建造过程中，还可以应用 BIM 模型进行施工模拟和协助管理。

图 6-8　施工阶段的安装碰撞检查示意

3. 项目综合管理

BIM 能够实现项目管理的功能主要包括：施工进度管理、施工质量管理、施工工程量管理、OA 协同、收发文管理、变更管理、支付管理、采购管理、安全管理等。

4. 施工交底

在整个施工过程当中，需要对班组等进行施工指导，施工技术交底一直是延续过去的常规方法，缺点是图纸变更，返工严重；审图不清，损耗过大；不同班组，多版图纸；而项目经理则是在到处救火，拆东墙补西墙，这就是由于项目的不可控性和复杂性造成的。根本原因是在施工过程中，有很多现场问题是没有办法提前预知的，例如，图纸变更、班组交底不清等。利用 BIM 技术的虚拟施工，对施工难点提前反映，就可以使施工组织的计划更加形象精准。

5. 其他应用

BIM 作为一个四维的数据库，可以针对整个工程进行 BIM 进度计划，统筹安排，以保证工程进度如期合理完成，例如，我们可以看到一层的管道安装部分的计划开工、计划结束时间、计划合理工期以及这个工程任务所包含的相关施工项目。如果部分的工作内容临时发生了变更，还可以对它单个标注，例如图 6-9 中所示送风管后期施工发生变更，可以单独编辑它的开始时间和结束时间，并且备注变更的时间以及原因等信息，另外，施工过程中出现的一些变更单、验收单等宝贵的资料可做成电子格式连接到三维模型中，以备实时查阅，避免丢失；同时，现场的施工情况也可拍照加入到模型里面，以便进行施工全过程管控；对于造价昂贵的设备，同样可以将采购商、采购的时间、地点、数量、采购的信誉等信息进行录入，便于后期的追溯。除此之外，还可以将整个三维模型进行打印输出，用于指导现场的施工和管理。

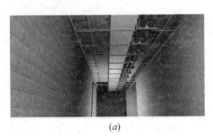 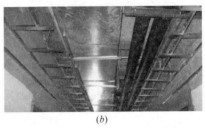

(a)　　　　　　　　　　　　　　　　(b)

图 6-9　虚拟施工和实际工程对比

(a) 虚拟工程；(b) 实际工程

（四）工程应用示例

1. ××项目 LOFT

××项目位于核心位置，邻近地铁站，为 4.5m 精装 LOFT，户型面积为 $40 \sim 50m^2$，本项目特点是空间狭小、管线排布较密。

（1）BIM 应用概况。

使用范围：××项目×号楼，LOFT 全专业。

交互方式：①前期交互（设计阶段）。BIM 顾问完成建筑、结构、机电模型后，将成果先共享给甲方项目部、设计部、设计院、机电顾问等端口，各参与方通过邮件提出意见汇总到 BIM 顾问进行修改和优化，并作好记录以便追溯。②后期交互（施工阶段）。BIM 顾问将模型共享给土建总包、机电总包、幕墙总包、装修总包等，这些分包单位根据自己的实际情况有权修改、深化和调整，将结果反馈给 BIM 顾问，并作好记录以便追溯。最终形成完整的建筑信息模型。

查看平台：BIM 顾问搭建云平台，给各需求端账号，通过账号在更大范围内查阅模型数据信息，做到各参与方共同使用模型的目的。

模型精度：根据美国建筑师协会"AIA Document E202-2008"标准，选择 LOD4 精度。

（2）用 Autodesk Revit 软件构建 BIM 全专业模型（图 6-10）。

（3）校验施工图，保障施工的准确度。

（4）管线综合，满足项目净高及空间要求（图 6-11）。

2. ××火车站施工方案、施工工艺模拟及动态演示

在××建工集团重点项目及复杂公建综合项目中，为保证工程质量，项目团队借助

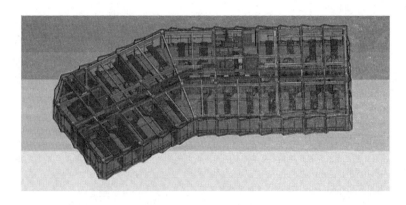

图 6-10　全专业模型

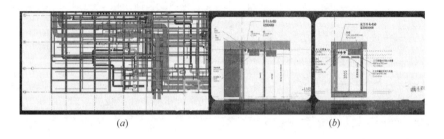

(a)　　　　　　　　　　　　　　　(b)

图 6-11　管线碰撞检验示意
(a) 平面图；(b) 剖面图

BIM 模型对施工方案进行施工模拟，利用视频对施工过程中的难点和要点进行说明，提供给施工管理人员及施工班组。对一些狭小部位、工序复杂的管线安装，项目团队借助 BIM 模型对施工工艺、工序进行模拟，能够非常直观地了解整个施工工序安排，清晰把握施工过程，从而实现施工组织、施工工艺、施工质量的事前控制（图 6-12）。

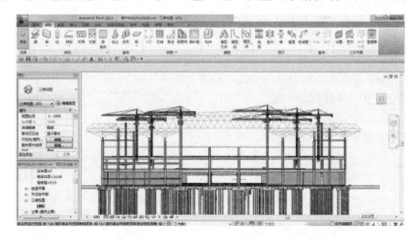

图 6-12　大型站房屋顶网架施工模拟

参 考 文 献

[1] 上海现代建筑设计(集团)有限公司,浙江环宇建设集团有限公司. JGJ/T 199—2010 型钢水泥土搅拌墙技术规程[S]. 北京:中国建筑工业出版社,2010.

[2] 王云江. 型钢水泥土搅拌墙(SMW 工法)施工与管理[M]. 北京:中国建筑工业出版社,2012.

[3] 哈尔滨市建设委员会. JGJ 165—2010 地下建筑工程逆作法技术规程[S]. 北京:中国建筑工业出版社,2010.

[4] 王允恭. 逆作法设计施工与实例[M]. 北京:中国建筑工业出版社,2012.

[5] 上海建工二建集团有限公司,华东建筑设计研究院有限公司. DG/TJ 08—2113—2012 逆作法施工技术规程[S]. 2012.

[6] 河北工业大学,沧州市机械施工有限公司. DB13(J)50—2005 混凝土芯水泥土组合桩复合地基技术规程[S]. 北京:中国建材工业出版社. 2005.

[7] 王恩远,吴迈. 实用地基处理[M]. 北京:中国建筑工业出版社,2014.

[8] 丁大钧. 高性能混凝土及其在工程中的应用[M]. 北京:机械工业出版社,2007.

[9] 全国高强钢筋推广应用生产技术指导组. 高强钢筋生产技术指南[M]. 北京:冶金工业出版社,2013.

[10] 住房和城乡建设部标准定额司. 高强钢筋应用技术指南[M]. 北京:中国建筑工业出版社,2013.

[11] 住房和城乡建设部标准定额司,工业和信息化部原材料工业司. 高性能混凝土应用技术指南[M]. 北京:中国建筑工业出版社,2014.

[12] 济南市城乡建设委员会建筑产业化领导小组办公室. 装配整体式混凝土结构工程施工[M]. 北京:中国建筑工业出版社,2015.

[13] 中国建筑标准设计研究院,中国建筑科学研究院. JGJ 1—2014 装配式混凝土结构技术规程[S]. 北京:中国建筑工业出版社,2014.

[14] 山东省建筑科学研究院. DBJT 14—072—2010 保温装饰板外墙外保温系统应用技术规程[S]. 2010.

[15] 邢贞辉. 外墙面保温装饰一体化系统施工质量控制[J]. 江苏建筑. 2012,6:61-74.

[16] 中国建筑股份有限公司,中国建筑技术集团有限公司等. GBT 50905—2014 建筑工程绿色施工规范[S]. 北京:中国建筑工业出版社,2014.

[17] 肖绪文. 建筑工程绿色施工[M]. 北京:中国建筑工业出版社,2013.

[18] 何关培. BIM 总论[M]. 北京:中国建筑工业出版社,2011.